SATURN

土星

[美] 威廉·希恩 著

卢瑜 译

世界图书出版公司
北京·广州·上海·西安

U0173708

图书在版编目（CIP）数据

土星 /（美）威廉·希恩著；卢瑜译.—北京：世界图书出版有限公司北京分公司，2024.4
ISBN 978-7-5192-8324-7

Ⅰ.①土… Ⅱ.①威… ②卢… Ⅲ.①土星—研究 Ⅳ.①P185.5

中国版本图书馆CIP数据核字（2021）第033544号

书　　名	土星
	TUXING
著　　者	［美］威廉·希恩
译　　者	卢　瑜
责任编辑	邢蕊峰　程　曦
责任校对	张建民
封面设计	杨　慧
出版发行	世界图书出版有限公司北京分公司
地　　址	北京市东城区朝内大街137号
邮　　编	100010
电　　话	010-64038355（发行）　64033507（总编室）
网　　址	http://www.wpcbj.com.cn
邮　　箱	wpcbjst@vip.163.com
销　　售	新华书店
印　　刷	河北鑫彩博图印刷有限公司
开　　本	710mm×1000mm　1/16
印　　张	13.5
字　　数	166千字
版　　次	2024年4月第1版
印　　次	2024年4月第1次印刷
版权登记	01-2019-2293
国际书号	ISBN 978-7-5192-8324-7
定　　价	69.00元

目录

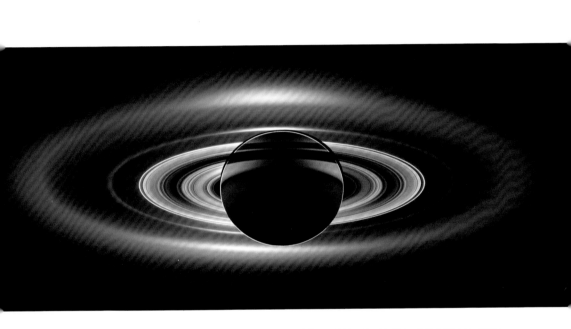

2014年7月13日，一次由土星的遮挡而形成的日食。地球是一个微小的圆点，位于土星右边大约4点钟的方位，正好在两个分散的外环之间

引　言

在太阳系的行星中，土星不是最大的，也不是最小的；不是最近的，也不是最远的；不是最热的，也不是最冷的。土星跟地球几乎没有相似之处，它甚至不是唯一拥有光环的行星。然而，土星仍然是太阳系的门面。可以说，它是迄今为止太阳系中最独特、最令人惊叹的美丽天体。

19世纪高产的天文作家理查德·普罗克特（Richard A. Proctor），于1865年首次出版了其著作《土星及其系统》（*Saturn and Its System*）。就耗费整本书来描写土星，他觉得有必要对此做出解释并表达歉意：

> 乍一看，作为单独的一颗行星，无论以它为中心的体系是多么有趣、多么精巧，作为书中一个章节的主题来讲述似乎都应该足够了，而不是像这本书一样，整本书的主题都是它——说到底，土星也不过是目前太阳系里一颗中等大小的行星。

为了澄清这一点，普罗克特指出，他所描写的关于土星的大部分内容，仅在细节上稍加调整后也适用于太阳系的其他行星。

现在看来，普罗克特写的东西虽然离奇但很有趣。在接下来一个世纪人类的不懈努力之下，包括投入地球上一半的望远镜观测能力进行的观测，实施木星的飞越任务——先驱者11号（*Pioneer 11*，1979年）、旅行者1号（*Voyagers 1*，1980年）和旅行者2号（*Voyagers 2*，1981年），以及人造卫星任务——卡西尼号（*Cassini*，2004—2017年在环绕土星轨道运行），我们现在对土星、土星环和其卫星系统的了解，甚至比普罗克特那个时代对地球的了解还要多。有一点他说得没错，我们所学到的很多东西，在细节上适当调整后也能用于其他行星。尤其适用的是木星——它与土星属同类行星，比土星更靠近太阳；以及土星外侧的天王星和海王星——这是两颗有着光环和冰冷卫星的巨行星。普罗克特通过对土星环的观测，想象到了拉普拉斯星云假说，即行星本身是由围绕太阳的物质环演化形成的。但事实上，我们现在已经知道，土星的这些环是几个小卫星解体后留下的碎片。经过适当调整，太阳系的星云起源理论已经在很大程度上得到了验证。土星与木星、天王星、海王星等一起，在太阳系早期的演化过程中扮演了重要的角色。这些气态巨行星或是向内迁移（例如木星），或是向外迁移（例如土星和其他两颗行星），大量的物质迁移形成了暴风雪般的景象。冥古宙时期（太阳和行星诞生后的前7亿年），土星冲击了地球和月球，在此之后，地球和月球进入了相对稳定的轨道运行。

我们现在对土星的大气也有了很多了解，包括它巨大的风暴和明亮的极光，还有它的内部（作为气态行星，它没有通常意义上的"表面"）。我们已经开始探索它那些迷人的卫星，其中一个是土卫六，这是第一个发现有大气层存在的卫星；另一个是土卫二，在它的冰层外壳下面有着深深的海洋，被认为是在太阳系内除地球之外最有可能找到生命的地方之一。但是，土星宏伟的光环系统才是它的标志和最卓越的特征，即使在一个小型望远镜里，它看起来也非常令人惊叹。除了月球上的环形山和撞击坑之外，透过望远镜一眼望去，没有什么能比土星的光环更令人叹为观止、深感敬畏。远看，土星的光环非常顺滑和完美，就像是在机床上仔细加工出来的；细看，光环由无数的冰粒子聚集而成，它们不仅自身时刻发生着相互作用，而且被土星和其卫星的引力相互拉扯着，这是一个名副其实的"天体力学实验室"。在自身轨道所限制的范围内，这些粒子被雕琢成了一系列复杂而美丽的形状。鬼斧神工的大自然总是能不断带给我们惊喜和快乐。

土星

土星与弥漫星云M8和M20，左侧有些曝光过度的亮点是土星。照片拍摄于2018年
8月7日

第一章
浅黄色的星星

用肉眼来看，土星像是一颗黄色的"恒星"，但实际上它是一颗巨大的行星，在我们的太阳系中体积仅次于木星，也是古人所知的行星中最遥远的一颗。它悠闲地游荡在背景恒星之间，绕太阳公转一周的时间为29.5个地球年。

尽管历史上或传统上都没有关于土星发现的记载，但通常认为它在古代就已经为人所知。它没有其他行星那么引人瞩目（更为"害羞"、喜欢拥抱阳光的水星除外），不过肯定在很早的时候就显露出自己是一个"漫游者"。土星一直沿着地球的轨道平面（即黄道）运行，太阳、月球和其他行星也在这个平面附近运动，天空中这片区域被观测得最为仔细。它偶尔出现在明亮的恒星附近，或是靠近月亮。这肯定会吸引人们的注意，并有助于揭示它的缓慢运动和随时间的亮度变化。土星的光是暗淡的，呈现青灰色和淡黄色——这是铅的氧化物（一氧化铅）的颜色。目视的土星并不像是天空中最壮观的物体之一，相反，它还曾被认为是一颗不吉利的行星，有邪恶和凶兆的意味。

预言者

我们无法得知五颗肉眼可见的行星最初是何时被发现的，但幸运的是，我们知道有关天文学这门科学的开端大多源自古代美索不达米亚，这是大约5000年前在底格里斯河和幼发拉底河之间的一片肥沃土地，位于现在的伊拉克及其附近。在伟大的文明发源地埃及，每年尼罗河洪水会给当地人带来可预见到的赖以生存的肥沃土地。与之相比，在美索不达米亚平原，农业生产则充满了更多的变数。那里的年降雨量少，土地干燥、坚硬，一年中有8个月不适合种植农作物。两条河流中缓慢的水流会淤积大量淤泥、抬高河床，使河水漫过河岸或改变流向。只有构筑一个庞大的人工运河系统，才能治理好这片具有挑战性的区域。组织好这片灌溉网络，需要在前所未有的规模上进行协调和努力，这导致了一个强大的统治阶级的崛起，相应的文字也应运而生。

在美索不达米亚，这些发展似乎与大约公元前3000年苏美尔人在该地区南部的定居相一致。对历法的管理和校准是苏美尔祭司的主要职责之一，他们从未采用过埃及人所使用的阳历。事实上，阴历作为世界历法中的一部分，也一直发挥着重要的作用。祭司们从他们七层的阶梯式金字塔向外望，等待第一次出现的新月，这标志着新的一个月的开始（最著名的大金字塔建于公元前2112—前2095年，位于古苏美尔城市乌尔）。他们还设立了闰月，每两年或三年增加第十三个月，以便让日历保持与季节和宗教节日同步。

后来，随着苏美尔人与阿卡德的闪米特人的融合，形成了苏美尔-阿卡德帝国。再后来，随着巴比伦帝国的出现，神职人员的职责得到了很大扩展。除了像以前一样确定新月的开始、设置闰月，他们还开始密切关注日食、月食，以及与行星有关的现象——晨出和夕没（即在日出之前或日落之后的首次可见）。他们注意到水星和金星在清晨和傍晚的天空中来回穿梭，以及火星、木星和土星在天空中相对太阳出现的逆行（反向）运动。这些神职人员还记录了行星亮度的变化；把行星与月亮、恒星和星座相关联，或是彼此相连接；甚至观察到它们出现在月球周围的光晕中，也出现在气象现象中。他们关心天空中发生的一切现象。

他们的兴趣不是现代意义上的科学，而是占星术。他们认为行星不是神，而是所谓的"解释者"——行星的行为包含着某种"预兆"，它们在向国王发出信号，表达喜悦或不悦。他们认为天上的现象和地上的事件之间存在着某种联系（这实际上是整个占星学的原理）。他们相信某种天象的发生是某些重要事件的预兆，比如国王被废黜、起义、饥荒和战争等，这两者之间一定是有联系的。如果同样的天象重复发生，那么地上的事件就一定会继续下去。因此，他们用楔形文字在泥板上详细记录下了观测到的行星在恒星之间不规则的运动和几乎无穷无尽的各种现象，以及被认为是这些现象所预示的地上事件。

许多早期的观测结果很不精确，而且当时的天文现象和气象现象之间还没有明显的区分。云、光晕与日食、月食有着同等的地位，所以有很多这样的记录："昨晚一轮光晕围绕着月亮，土星就在里面，靠近月亮。"[1]对古代的观测者来说，这样的观测结果不太可能直接导致他们发现相关规律，并在数学上推动天文学的发展。相反，正如天文历史学家安东尼·潘涅库克（Antonie Pannekoek）所设想的那样，更有可能的是，这些行星运行现象的规律会逐渐"强加"在观测者身上，引起他们对此产生预期，进而发展成与天文相关的预测。[2]

由此发现的周期现象构成了巴比伦数理天文学的支柱。其中包括发现金星在黄道带正好在8年（会合周期）内运行了5个整圈，因此8年后它又回到了相对于地球和太阳相同的位置。火星会在79年后回到相对位置，木星是71年后，土星则需要59年。在巴比伦，对土星最古老的观测可以追溯到公元前6世纪和公元前7世纪，两次记录相隔59年，这是已知的最古老的资料。巴比伦人能推导出土星的会合周期可能并不是巧合。（请注意，这里提到的周期都不是十分精确。具体来说，金星的会合周期实际上是8年减去2.2天，而土星的会合周期则是59年加上3天。）

循环和本轮

巴比伦的天文数据完全用这些算术规则进行了表达，这意味着巴比伦人可以对天体运行进行预测，但是他们对构建可描述天体实际运动的基本模型没有兴趣。公元前331年，亚历山大大帝征服巴比伦之后，希腊人开始掌握巴比伦的天文数据。

在希腊几何学家的主导下，巴比伦的数据用几何方法被重新解释——也就是说，通过把太阳、月亮和行星等天体投影到天球的表面，用几何结构来模拟它们的运行路径。他们提出了两个假设：地球是这套体系的中心，行星以圆形轨道运行。为此，有人提出了一些巧妙的方案。公元前4世纪尼多斯的数学家欧多克索斯（Eudoxus）试图通过假设每颗行星都在一组相关球体上运动，来描述外行星（包括土星）的逆行，就像平衡环架上的罗盘一样。然而，尽管欧多克索斯的模型在某种程度上成功地定性描绘了行星运动的形式，但它完全无法解释行星亮度变化的原因。例如，土星的亮度可能为-0.4等（与最亮的恒星天狼星相媲美）或1.5等（比北斗七星中的某颗略亮）。但是，在一个以地球为中心的体系中，为什么行星的亮度会发生变化呢？

在大约公元前250年，来自萨莫斯的杰出数学家阿里斯塔克（Aristarchos）尝试将地球从该体系的中心移走，并代之以太阳，从而引入了第一个相对成熟的日心体系。但这个想法几乎没有被人们接受。无论如何，后来的几何学家更倾向于把地球保持在系统的中心。为了解释行星的逆行和亮度变化，他们声称行星的轨道中心与地球的位置稍微有些偏离（偏心圆），在几何学上构想出一种与此相对应且更为直观的运行系统——行星围绕着一个小的圆（称为"本轮"）转动，同时整个小圆绕着一个以地球为中心的更大的圆（称为"均轮"）转动。在阿波罗尼奥斯（Apollonius of Perga）的那个时代，该系统已经得到了广泛的认可。这个本轮-均轮模型甚至有可能就是阿波罗尼奥斯自己提出来的（阿波罗尼奥斯至今仍因其对圆锥曲线的研究而被人们铭记）。后来，在克劳狄乌斯·托勒密（Claudius Ptolemy）的努力之下，这个模型得到了最详尽的阐述。托勒密的著作《天文学大成》，通常以其阿拉伯语书名的拉丁文翻译（Almagest）而为人所熟知，它代表了希腊——因此也是巴比伦——天文学的顶峰。

托勒密的本轮和均轮体系把地球放置在中心的位置，至少在卡斯蒂利亚国王阿方索十世的那个时代，这套体系被嘲笑为不够精巧、人为设计的痕迹太严重。据说国王本人就曾经说过："如果万能的上帝在创世之前咨询过我，我就会给他推荐一些更简单的方案。"[3] 尽管托勒密的体系相当复杂，但请记住，托勒密的目的不是描述行星在空间中的实际路径，而是提供一台可供计算的机器。哈佛大学天文历史学

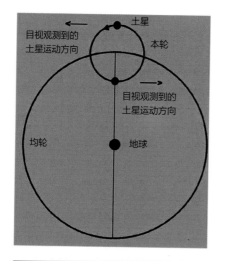

托勒密构建的行星运动体系。土星绕着一个小圆运行，这个小圆被称为本轮；本轮又绕着一个以地球为中心的、更大的圆旋转

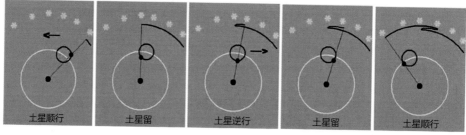

土星顺行 　　土星留 　　土星逆行 　　土星留 　　土星顺行

家欧文·金格里奇（Owen Gingerich）指出：

> 基本上，［就我们所知］这是在历史上首次有天文学家展示了如何将具体的数据转换成行星模型的参数，并在模型中构建了……一套星表，这样就能够计算出行星的具体位置，精度在10弧分以内，或在当时可能的测量精度范围内。[4]

这本身就是一项巨大的成就——顺便说一句，这也是占星家的一大福利，因为当时和现在的情况一样，占星家都是行星理论的主要应用者。

在托勒密的另一著作《占星四书》（*Tetrabiblos*）中，

我们了解到，托勒密和他那个时代的其他人一样，对用星相占卜非常认真，他们显然把占星术看作应用数学的一个分支。他关于癫痫症的观点就很具有代表性："在土星和火星与东方地平线形成一定夹角的时候（土星掌管白天，火星掌管夜晚），此时出生的人很大概率会患上癫痫；但如果在相反的情况下（尤其是这些行星在巨蟹座、室女座或双鱼座），此时出生的人就会是个癫狂的疯子，受到大脑中湿气的折磨，他们会变成魔鬼。"[5] 通过这段文字，我们需要提醒自己，跟随着托勒密，古典时代的研究在此终结，随后将要进入黑暗时期，至少在欧洲是这样。

在这段时期，土星这颗沉闷的天体以几乎觉察不到的速度运行着，标志着宇宙的倒数第二个边界，位于木星和太阳之间。它也继续保留了其作为凶兆的传统特征。

对于土星，卡米伊·弗拉马里翁（Camille Flammarion）曾经说过：

> 对于古人来说，它运动缓慢，光线暗淡，因此是一颗不吉利的行星。土星确实被认为是最暗淡、最缓慢的星星，是被废黜和流放的神。[6]

这让人想起一个古老的神话：萨图尔努斯（土星）来自一个暴发户家庭，他谋杀了自己的父亲乌拉诺斯（天王星），然后试图通过吃掉自己的孩子来维护自己的王位。最终，他和泰坦（土卫六）等兄弟姐妹一起被朱庇特（木星）和奥林匹斯诸神废黜。

这些陈腐的、毫无根据的思想永远不会消亡，在最好的情况下，它们只是会逐渐淡出人们的视野。甚至到了

19世纪晚期，在弗拉马里翁的《大众天文学》（*Popular Astronomy*）一书中，法国文学家维克多·雨果（Victor Hugo）对土星的看法仍然被表述为"在他（雨果）看来，土星只能是一座监狱，或者一个地狱"[7]。雨果也许从来没有用望远镜看过土星，如果他这样做了，他一定会意识到那既不是监狱，也不是地狱；它的"屋顶"被水晶光环所覆盖，这是一个充满幸福的景象。

距离太阳最远的前哨站

到了文艺复兴时期，尼古拉斯·哥白尼（Nicholas Copernicus），一位弗龙堡大教堂（现位于波兰）的教士，意识到自己被阿里斯塔克最早提出的日心说体系深深地迷住了。他决定以此为基础进行研究，来预测行星的运动，并希望能够挑战托勒密的方案。为了实现这一目标，哥白尼重新拾起了本轮的机制，并采取了具有决定性的一步：在其伟大的著作《天体运行论》（*De Revolutionibus orbium caelestium*）中，他全面详尽地阐述这套理论，该书在1543年终于获得出版。当看到印刷出来的第一本书时，哥白尼已经处在弥留之际了。在地心说体系中，土星一直是仅次于恒星的最远处天体；而此刻，它第一次成为太阳系的最外层守护者。

然而人们对书中理论的接受是循序渐进的，不过哥白尼已经打响了第一枪，从现在开始，可能人们还会犹豫，但不会再回头。进一步的进展并不取决于像哥白尼那样花费几十年时间对本轮机制进行的理论研究和改进，而是依赖于更好的观测。这是丹麦贵族第谷·布拉赫（Tycho Brahe）留下的

从土星表面看到的光环（想象图），画作来自卡米伊·弗拉马里翁的《太空之地》（1884）

1563年8月，第谷仰望土木
相合的天象

宝贵财富。

　　第谷的父亲奥托（Otto）是赫尔辛堡的统治者，他的城堡位于丹麦和瑞典之间的奥尔松德河对岸。奥托的哥哥约恩（Joergen）没有自己的子嗣，于是奥托把第谷过继给了约恩抚养。坦白地说，第谷本人似乎并没有因为这样的安排而受到影响。约恩非常富裕，也非常宠爱这个养子，还可以提供给他最好的教育。在第谷13岁的时候，他被送到哥本哈根大学学习法律。1560年8月21日，正如天文学家预测的那样，发生了日食，这是第谷一生中具有决定性的事件。根据他的传记作者德赖尔（J. L. E. Dreyer）的说法，"第谷认为这是一件神圣的事情，因为人们可以如此准确地了解到恒星的运动，甚至提前很久就能预测它们的方位和相对位置"[8]。他自己购买了一本托勒密的《天文学大成》，并进行了仔细的研读，又买了由阿尔布雷希特·丢勒（Albrecht Dürer）绘制出版的天球仪和全天星图，用来学习与星座有关的知识。他还用紧绷的细绳把一颗行星和两颗恒星排列在一起，并根据他的小天球仪上恒星的位置来估算行星的位置，以此对已经出版的行星位置预测星表进行验证。

第谷的下一个转折点发生在1563年8月，这次发挥作用的是土星。在莱比锡，他使用一对大罗盘，对木星和土星的"大合"进行了观测。在8月18日，他在记录本上写道：

> 木星和土星之间的距离，比御夫座η和ζ两颗星之间的距离要稍大一点，比大熊的右前脚的两颗星（大熊座ι和κ）之间的距离要小一些，但更接近大熊座这两颗星的间隔……土星的位置位于木星到金星连线的南侧，土星比木星更偏南一些。[9]

很明显，他在努力提升记录的精确度。不久之后，他通过观测发现，天文学家的星表——无论是基于托勒密还是哥白尼的星表——都存在很大的误差。因此，传记作家德赖尔写道："在16岁的时候，更多的事实打开了第谷的眼界。很多现象对于我们来说似乎很容易理解，但是在第谷之前，却从未得到这些欧洲天文学家们真正的注意。也就是说，只有通过持之以恒的观测，才能更好地洞悉行星的运动。"[10]

第谷发现了他为之毕生奉献的事业。不久之后，养父约恩去世了，没有什么能阻挡他了。1572年，在舅舅斯滕·比勒（Steen Bille）的哈雷瓦德修道院（原为西多会修道院，位于瑞典南部，现在归属丹麦）里，第谷观测到了位于仙后座的一颗"新星"。他就此写了一本书，在书中他论证了这颗恒星的距离是非常遥远的，远远超出了月亮所处的天球，甚至是土星所在的天球，而位于"恒星"所在的天球上。（现在我们知道，这颗"新星"就是我们所熟知的超新星——一颗大质量恒星的爆炸。）这本书让第谷变得非常有名，为此丹麦国王腓特烈二世特别将汶岛赠予第谷。岛屿位于卡特加特海峡和波罗的海之间，第谷认为汶岛就是"金星岛"的意思，他在岛上建立了一座巴洛克式的天文台，名为天王堡，意即"天堂的城堡"。这座天文台看起来很像一座姜饼屋，有着一个洋葱形状的圆顶，四周是圆柱形的塔。第谷在这里搭建了一系列的观测装置，包括六分仪和象限仪。每个仪器都有开放式瞄准镜，可以直接进行目视观测。

相对于月球或恒星，第谷对行星进行的测量，是他最伟大的遗产。仅土星就有着上百项记录，涉及了超过400个日期。这里是一些例子：

1587年1月6日。今天晚上，月球离土星很近。在10:04的时候，牛眼（毕宿五）位于子午圈西侧很远的地方……和所看到的一样，月球的两个角正对着土星。
…………

1592年2月12日。土星与凸月边缘的最近距离，在弧度上是9'，或者最多只有10'。

…………

1594年11月29日，午夜过后2.5小时。土星看起来像是静止不动的，并且开始在直线上逆行，从狮子的心（即轩辕十四）一直到大熊尾巴下面的一颗未命名的明亮恒星（常陈一）。土星位于轩辕十四的东北方向，二者相距不远，大约只有1°的距离。[11]

第谷的宏伟计划就是想要确定宇宙的结构。然而，尽管他的观测，特别是1583年在火星大冲时对火星的观测，似乎已经排除了托勒密体系的可能性，但他并没有完全追随哥白尼。其中一个反对的理由就是"沉重而缓慢的地球"竟然会在太空中移动，除此之外还有其他理由。最后，他设计了一个自己的系统，在这个系统中，除了地球以外，其他行星都绕着太阳旋转，而太阳和月亮绕着静止的地球旋转。

第谷虽为一个伟大的天文学家，却不是一个好领主。最终，臣民与君主的关系逐渐恶化，导致他被迫离开汶岛。在一段时间的漂泊之后，他定居在波西米亚，最初是在布拉格东北35千米的伊塞河畔的贝纳特基城堡，然后在神圣罗马帝国皇帝鲁道夫二世的招揽下，定居在了布拉格。与此同时，他结识了年轻的德国数学家约翰内斯·开普勒（Johannes Kepler）。开普勒在各个方面都与第谷不同，与拥有优渥条件的丹麦贵族相比，开普勒从小在贫穷甚至被虐待的环境中长大。他的父亲是一个游手好闲的酒馆老板，让他从学校辍学做酒馆的杂工，并最终抛弃了家庭，没有人知道他的父亲之后怎么样了；他的母亲后来被当作女巫受到了审判。但天才终究是天才。开普勒有一个聪明的头脑，虽然一开始他希望成为路德教会的牧师（他是一个虔诚的教徒），但他没能马上找到这样的职位。取而代之，他得到了格拉茨大学提供的一份数学老师的工作。这所大学那时处于天主教会的控制下，但当时新教徒还没有被禁止进入格拉茨，因此开普勒接受了这份工作。

在1595年7月的一次演讲中，开普勒突然有了一个想法，这一想法影响了他后来的职业生涯。就像第谷的例子一样，也涉及土星——特别是土星与木星的相合，这种情况每过60年才会发生一次。他注意到这些行星紧密成对出现的现象总是发生在黄道带上相隔240°的连续点上，便画了一个圈代表黄道带，并在出现相合现象的地方做上标记点，再把这些点用线段连接后，就形成了一系列的三角形。这些重叠的三角形构成了两个圆，其中内圆与外圆的比例似乎和木星轨道与土星轨道的比例差不多。

发现了这点后，他接下来把一个正方形放在木星的轨道内，希望这个正方形内切圆正好是火星的轨道尺寸，但没有得到预期的结果。他毫不气馁，接着又试着将柏拉图多面体——在柏拉图的《蒂迈欧篇》（*Timaeus*）中被提到——放入一系列代表行星轨道的有趣的球体中。数量不多不少，正好是5个正多面体，包括了正方体、八面体、二十面体、四面体和十二面体。尽管结果还远远不够完美，但至少它们的顺序是正确的。不可否认的是，以今天的标准来看，当时的整个宇宙体系都是支离破碎的。但开普勒当时只有24岁，他认为自己已经了解到了上帝心目中存在的宇宙结构秘密，包括为什么有5颗行星，以及为什么只有5颗行星。为此，在1596年他出版了一本书，名为《宇宙的神秘》（*Mysterium cosmographicum*），在书中他展示了自己的理论，并给第谷

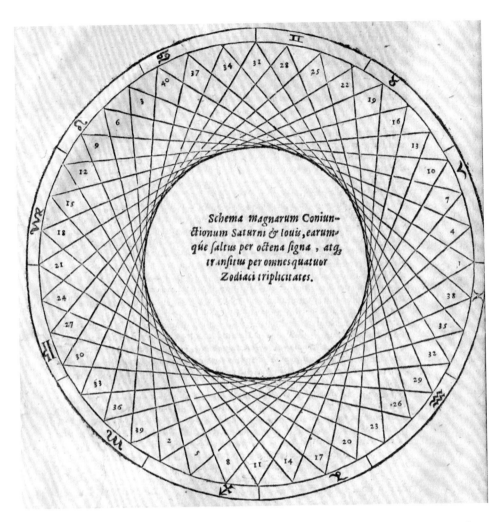

Schema magnarum Coniunctionum Saturni & Iouis, earumque saltus per octena signa, atq. transitus per omnes quatuor Zodiaci triplicitates.

《宇宙的神秘》一书中开普勒绘制的插图，显示了木星和土星相合的连续位置

也寄送了一本。尽管对这套理论并不完全信服，但第谷意识到了其中的独创性，他当时正在寻找一个助手，所以邀请开普勒和他一起去波西米亚。开普勒欣然接受了。

但这两个人都不是容易相处的人，所以他们的关系从一开始就很紧张。然而仅一年之后，1601年10月24日，第谷因膀胱梗阻而去世。在最后一个夜晚，第谷显得神志不清，他一遍又一遍地重复着："不要让我此生虚度。"虽然第谷希望自己的观测结果能够用来建立他的"第谷系统"，但最终

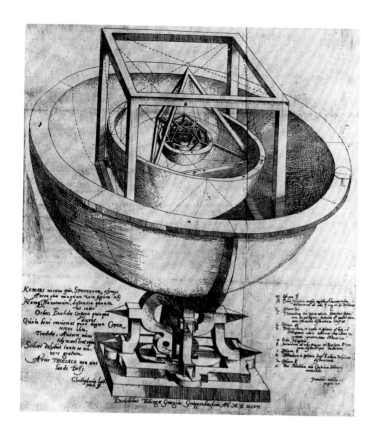

《宇宙的神秘》一书中所设想的太阳系结构模型

开普勒通过辛苦计算，证实了他从1597年起坚定支持的哥白尼体系的正确性，并建立了自己的理论，这就是开普勒行星运动的第一定律：实际上，行星运动的轨道是椭圆形，太阳位于椭圆的一个焦点，另一个焦点处是空的。[12]

上述结果发表于1609年，这个理论是古代的天文学家无法构建的。这是因为，首先，第谷的观测非常精准；其次，当开普勒加入第谷的团队后，幸运的是他最先开始分析的是火星的运动情况，而除水星外，火星比任何其他行星有着更大的轨道偏心率，也就是它的轨道呈现出更为明显的椭圆形。（火星轨道的偏心率是0.093，金星是0.007，地球是0.017，木星是0.049，土星是0.056；圆的偏心率被定义为

0.00。）如果他从另一颗行星开始，比如金星，很难说他是否会有这样重大的发现。

以开普勒的工作为基础，艾萨克·牛顿（Isaac Newton）后来建立了万有引力的平方反比定律，详细解释了行星及其卫星的运动。可以说，没有什么比土星的运动更复杂、更美丽了。

在这里，我们只能对行星的运动做最简短的叙述。当然，这并不足以说明数理天文学家在研究过程中所面临的困难。每一颗行星都相互吸引，产生运动上的摄动，卫星以及最大的小行星都必须被考虑在内。尤其值得一提的是，木星和土星这两颗太阳系中质量最大的行星对整个太阳系都产生着影响。关于这一切，后面会有更多的阐述。但接下来，让我们将注意力从土星个体的运动上移开，把它作为一个单独的世界来看待和研究。

第二章
奇特的光环世界

古人不可能预测到行星以椭圆的轨道运行，他们也更加难以想象通过望远镜看到的土星是什么样子。开普勒对外发表了他有关行星椭圆轨道的研究成果，巧合的是，就在同一年，帕多瓦大学的数学教授伽利略·伽利莱（Galileo Galilei）开始使用他称为"perspicillium"的装置观测天体，后来开普勒将其改名为"telescope"（望远镜）。望远镜的出现，让伽利略和他的继任者们在观测中收获良多，但最值得提起的，莫过于对土星的观测。

虽然用今天的标准来看没什么价值，但伽利略的望远镜在当时是最好的。在1609年11月，伽利略制造出了一个放大率达20倍的望远镜。使用这个望远镜进行观测，他有了许多著名的发现，如月球上的山脉和环形山，以及木星的四颗大型卫星（也称为伽利略卫星）。

第二年夏天，伽利略有了一台更强大的望远镜，放大率达到了32倍，他继续用这架望远镜来观测土星。1610年7月30日，在给托斯卡纳大公顾问兼国务秘书贝利萨里奥·温塔（Belisario Vinta）的信中，伽利略描述了他所看到的情况：

> 我发现了一个非同寻常的奇迹……事实上，土星并不是一个独立的行星，而是由三颗星组成的。这三颗星几乎相互接触，彼此之间既不移动也不变化。[1]

　　伽利略很自然地认为旁边这两个较小的天体是卫星，并向托斯卡纳驻布拉格大使朱利亚诺·美第奇（Giuliano de'Medici）宣布："原来如此！我们发现……这位老者有着两个仆人，能够帮助他行走，并从不离开他的身边。"[2]

　　然而，如果它们是卫星，那它们确实很奇怪。两年半之后的1612年底，伽利略再次观测土星，发现卫星已经消失得无影无踪。土星当时呈现为一个金色的球体，和木星一样圆润、完整。1612年12月1日，他在给德国银行家、业余天文学家马克·威瑟（Mark Welser）的信中写道："对于这种奇怪的变形现象，我们能有什么可说的呢？"

伽利略绘制的土星，1610年
（上图）、1616年（下图）

那两颗较小的星星是类似太阳黑子那样被吞噬了吗？难道是土星吞噬了它的"孩子们"吗？或者，这真的是一种幻觉，一种骗局？难道长期以来，我的望远镜的镜片一直在欺骗我？不仅是我，也欺骗了许多和我一起观测它的人吗？[3]

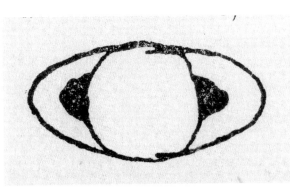

　　后来所谓的卫星又重新出现，伽利略感到极为困惑。在他1616年绘制的草图中，1610年草图中呈三部分的外观被改成一个类似有环形把手的球体。有人认为，

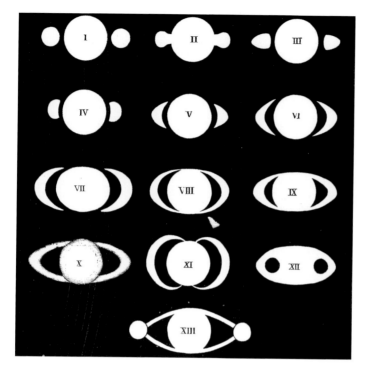

土星早期的图像
I.伽利略，1610年绘制
II.沙伊纳，1614年绘制
III.里乔利，1641或1643年绘制
IV～VII.赫维留所绘，土星的理论形式
VIII和IX.里科利，1648—1650年绘制
X.迪维尼，1646—1648年绘制
XI.丰塔纳，1636年绘制
XII.布兰卡纳斯，1616年绘制；伽桑狄，1638—1639年绘制
XIII.丰塔纳和其他观测者，1644—1645年绘制于罗马

如果伽利略一开始看到的土星就是这样的，他很可能立刻就能意识到真相。

事实上，土星之谜将在接下来的半个世纪持续不断地给天文学家们带来挑战。有人提出这样的可能性：土星的赤道可能是一个散发蒸气的炎热地带；或者，另有两颗颜色较深的卫星周期性地从两颗颜色较浅的卫星的前面或后面经过。这些听起来都相当可信！实际上，这个天文"魔方"的破解等待着另一位数学和科学天才——来自荷兰的克里斯蒂安·惠更斯（Christiaan Huygens）。

克里斯蒂安·惠更斯是康斯坦丁·惠更斯（Constantijn Huygens）的次子。康斯坦丁·惠更斯曾连续三次担任奥兰治亲王的国务秘书，是一位天才的语言学家、音乐家和诗人。克里斯蒂安·惠更斯在父亲位于海牙的豪宅中长大，从

油画《克里斯蒂安·惠更斯》，作者卡斯帕·内切尔，1671年

小就体弱多病、沉默寡言，但沉迷于学习，智力早熟。他很早就读了伽利略所写的最后一本也是最伟大的著作《论两种新科学及其数学演化》（*Two New Sciences*），这为他奠定了力学的基础。他还学习了笛卡尔（René Descartes）解析几何的有关论著。在他的一生中，他都坚持用科学来解释机械的原理。

　　惠更斯的父亲把他送到莱顿大学学习法律，希望他能追随自己的脚步，在治国理政方面有所建树。但就像当年的

第谷一样，惠更斯无法抗拒对其他学科的兴趣，虽然他获得了法律学位，但并没有全身心投入其中，一有时间，他就会回到海牙的家里，致力于数学和物理运动的研究。在1650年代，他还与哥哥（名字也为康斯坦丁）合作，两人一起对望远镜进行改进。到了1655年3月，兄弟俩合作完成了一架望远镜，镜片使用普通的灰绿色平板玻璃磨制而成，口径5.7厘米，有效的放大率只有50倍。它的效果和如今商场里卖的望远镜差不多，许多人（包括本书作者在内）就是用这样的望远镜开始了自己的星空观测活动。尽管以今天的标准来看，这架望远镜只能算凑合，但它比伽利略使用的望远镜要好得多。当惠更斯把望远镜从阁楼窗户指向天空时，他发现了土星的一颗大型卫星——19世纪英国天文学家约翰·赫歇尔（John Herschel）后来将其命名为Titan（土卫六）。

对于伽利略所看到的奇怪现象，惠更斯已经开始怀疑，这可能应该是一个"薄且平的环、不存在接触"。1659年，惠更斯在《土星系统》（Systema Saturnium）一书中发表了这个理论。惠更斯坚信一幅直观的图片胜过千言万语，他用一张非凡的示意图来展示自己的理论。图形设计大师爱德华·塔夫特（Edward R. Tufte）为此写道：

> 内部的椭圆是地球每年绕太阳运行的轨迹；外侧较大的椭圆则显示了从外太空看到的土星轨道；最外层是通过地球上的望远镜看到相应位置的土星图像。总的来说，他在不同的位置绘制了32个土星，并且考虑了三维空间和两个不同观测者的角度，这是一个精巧的优秀设计。[4]

惠更斯在1659年出版的《土星系统》一书中所绘制的示意图，因其独创性而广受赞誉

哈勃空间望远镜历年拍摄的土星，从1996年（底部）到2000年（顶部）

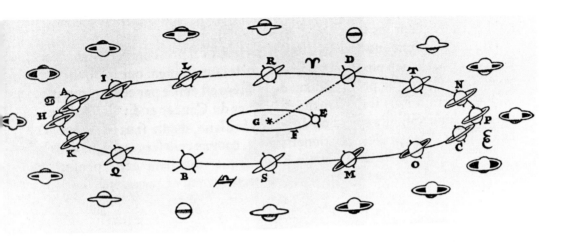

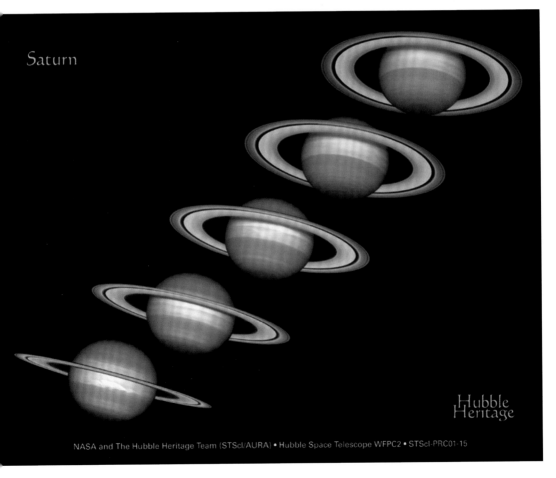

Saturn

NASA and The Hubble Heritage Team (STScI/AURA) • Hubble Space Telescope WFPC2 • STScI-PRC01-15

如果以土星本身为参照物，土星环的平面当然是固定的，但从太阳和地球的视角来看，土星环平面倾斜的角度似乎在不断变化。太阳和地球分别以13年零9个月和15年零9个月的间隔"穿越"土星环所在的平面。因为土星的轨道平面和地球的轨道（黄道）平面之间有2.5°的夹角，所以太阳和地球穿越土星环平面的交点并不是重合的。地球穿越土星环——此时土星环那细细的侧边正对着地球——会发生在太阳穿越土星环之前或之后的几个月。在这种情况下，地球会穿越土星环平面一次或三次。（几乎没有发生过不穿越的情况，也不会有直接越过环面的可能。）现在我们已经知道，在1612年12月时，土星环正好是薄薄的边缘部位朝向地球，因此它在伽利略的小型望远镜中是不可见的。

在这里列出以下数据以供参考，观测中可能会用到这些轨道夹角。

地球的赤道面和黄道面	23.4°
地球的赤道面和土星环平面	6.6°
土星的赤道面和土星的轨道面	26.7°
土星的赤道面和黄道面	28.1°
土星的轨道面和黄道面	2.5°

土星的极轴相对于其轨道平面的垂直线有26.7°的倾斜，这与地球的23.4°非常相近。因此土星就像地球一样，有季节区分。对于土星来说，二分点对应于环的边缘位置，二至点对应于俯视土星环最宽的相位。然而，由于南半球的夏至发生在近日点之前不久，北半球的夏至发生在远日点之前不久，因此土星南半球的夏季会比北半球短，但更温暖；相应

的，北半球的冬天会更长、更冷。由于太阳与土星之间的距离在近日点比在远日点要少10.7%，太阳在土星两个半球上的日照差能够达到20%，这是无法忽略的。我们稍后将考虑这一差异带来的影响。

尽管惠更斯在天文学、数学和物理学方面做出了许多更加重要的发现，但他对土星环的发现仍然是最为著名的。作为一名诗人，他的父亲对自己30岁儿子所取得的成就极为赞赏，并为此作诗纪念：

> 赞颂与天空相伴，
> 荣耀永不消亡。[5]

为数众多的光环

后来的观测者们发现，惠更斯所看到的环其实有着更为复杂的结构。1675年，巴黎天文台的乔凡尼·卡西尼（Giovanni Cassini）发现惠更斯的光环被一条黑色的线分成了两部分，那条线大概是一个真实存在的间隙，宽度只有半弧秒（相当于在25米距离上看见的一根头发的宽度）。事实上，这是个4700千米宽的区域，现在被称为"卡

1676年，卡西尼绘制的土星草图，显示了光环中存在的卡西尼环缝

西尼环缝"。这再次提醒我们，土星的距离是多么遥远，以及它的光环是多么巨大。在卡西尼的望远镜里看起来只有头发丝般的宽度，实际的距离比从纽约到洛杉矶还要远。顺便说一句，卡西尼环缝外侧的环被称为A环，宽度为14 835千米；卡西尼环缝内侧的环被称为B环，宽度为25 554千米。

卡西尼本人使用罗马设备商朱塞佩·坎帕尼（Giuseppe Campani）制造的望远镜进行观测，并发现了卡西尼环缝。它使用了一个直径为6.4厘米的单镜头，焦距6米，放大率为90倍，是当时最好的观测设备。这确实是长筒望远镜的时代。虽然用它们进行长时间的观测是非常困难的，但它们的光学性能比人们通常认为的要好，即使是类似孔径的现代望远镜也难以超越。

尽管作为一名理论家，卡西尼不属于惠更斯的阶层——他从未接受哥白尼的理论，而是继续支持第谷的理论，但他作为一个观测者的能力，以及他做出惊人发现所需要的过人

油画《1667年，科尔伯特向路易十四介绍皇家科学院成员》。作者为亨利·泰斯特林，法国宫廷画家，地位仅次于夏尔·勒布伦。卡西尼和惠更斯都是皇家科学院的成员，画中卡西尼在科尔伯特（画中穿蓝色衣服的人）的左边第八位，惠更斯就在他的右边

乔凡尼·卡西尼，1669年起在巴黎天文台担任首席天文学家。这幅肖像画是利奥波德·杜兰基在一幅古老的版画基础上绘制的。可以注意到，在天文台屋顶上安装的大型悬空望远镜

天资，都是无可置疑的。卡西尼发现了土星的另外四颗卫星，他把它们统称为"路易之星"（为了纪念路易十四国王；这些卫星现在为人所熟知的名字是赫歇尔爵士重新命名的）。土卫八于1671年被发现；第二年，土卫五也被观测到。卡西尼发现土卫八非常引人注目，因为它处于西大距时比处于东大距时要亮两个量级。在1684年，他使用焦距分别达到30米和41米的两架"空中"望远镜发现了土卫三和土卫四。（顺便说一句，惠更斯的望远镜永远也看不到它们。）

卡西尼的儿子雅克（Jacques）也是天文学家，同时也是巴黎天文台所谓"卡西尼王朝"的成员之一，这个组织一直持续自己的研究，直到法国大革命。他们父子俩认为土星的光环可能是由无数的小行星组成的[6]，然而这种观点当时并不流行。卡西尼的侄子，巴黎天文台的助手雅克·马拉尔迪（Jacques Maraldi），从望远镜的观测结果中确信，这个环不仅是固态的，还应该很坚硬。即使是伟大的望远镜制造者、业余天文学家威廉·赫歇尔（William Herschel），也在很长一段时间里认同固体环理论，并且拒绝承认卡西尼环缝是真实存在的间隔，直到他自己进行了观测。（他最终还是认可了。）然而，仍然有一个令人困扰的问题：这么大的一个实心环，怎么能保持在一起而不被离心力撕裂呢？

数理天文学家皮埃尔-西蒙·拉普拉斯（Pierre-Simon de Laplace）对这个问题进行了研究，他在1787年出版的一本著名的回忆录中得出结论：像土星环一样大的单一实心环是不可能存在的——很简单，它的内部无法结合在一起。[7]如果土星被假定为完美的圆球体，那么一个固态的、均匀的环就可以永远围绕着它旋转。然而，这仅仅是一种数学上的理想化模型，实际上这颗行星由于旋转而被压缩成了一个扁球体。因此，受到卫星、其他行星和太阳引力的干扰，任何实心环都会迅速崩塌。最后，拉普拉斯提出了一种相当复杂的光环结构系统，由众多狭窄、偏心和不规则的小圆圈组成。为了支撑自己的观点，他回忆了各种观测结果，其中包括英国著名设备制造商詹姆斯·肖特（James Short）的一次观测。肖特曾报告说他看到光环上有许多精细的分区。

土星历史学家亚历山大（A. F. O'D. Alexander）认为：

> 拉普拉斯的理论是基于数学和物理的分析，他假设了一个人工痕迹过多而无法真实、持续存在的光环系统。人们不禁惊讶，他的理论竟在这个领域坚持了半个世纪。从这样的一个理论，到完全放弃实心环的想法，似乎只是前进了一小步而已。[8]

无论是陷入了认知的盲区，还是缺乏另辟蹊径探索的勇气，或者是在面对一位像拉普拉斯这样声名显赫的天文学家时，否定其观点会有些犹豫不决——不管是什么原因——这一小步都没有迈出。但毫无疑问，拉普拉斯关于多个环的理论激发了大家更仔细地进行观测，并且与人们的预期一致，大量的小细节开始被报道出来。

顺便说一下，威廉·赫歇尔在1781年3月发现天王星的同时，还将土星自古以来被视为最遥远行星的"桂冠"摘了下来。

赫歇尔用焦距分别为2.1米、3.0米和6.1米的反射望远镜对土星进行了多次观测。他最终说服了自己，卡西尼环缝确实是土星环中一个真实存在的间隔，但他始终不能接受拉普拉斯的理论，即所谓为数众多的"窄片状的光环"。在1792年他发表了一篇观测报告，对自己长期以来的土星观测进行了总结。他写道：

> 如果能承认这样的现象，那么像土星光环这样巨大的物体一定会处于混沌状态。即使只是乍一看，我们的头脑似乎也会反抗这种想法。我们也不应该沉溺其中，除非经过反复观测，有着充分的证据能够毫无疑问地证明光环确实处于这种不稳定的状态。[9]

土星光环被分解成众多同心的圆环，正如拉普拉斯所设想的那样

赫歇尔本人只看到过一次类似土星环新裂缝的东西，也就是1780年6月他在土星环B环内缘看到的一个黑色的"列"，或称为线状的标记。但后来的观测者报告了更大的成功。

1837年，柏林天文台台长约翰·恩克（Johann Encke）使用24厘米口径折射望远镜（这台望远镜后来被用于发现海王星），在A环的中间发现了一个宽而暗的特征。这个特征足够明确，可以用动丝测微计测量它的位置，并且该特征很快被其他几个观测者所证实。然而，问题仍然存在：人们并不清楚这是像卡西尼环缝那样的一个真实存在的间隔，还是仅仅因为环变薄了，甚至也不清楚这是一个永久的或只是暂时的特征。这些都需要进一步研究。

这些美丽而神秘的光环似乎违背了物理定律：如此巨大的固态环，如何能保持完整结构？美国天文学家奥姆斯比·米切尔（Ormsby Mitchel）用望远镜对土星进行了观测，并感到了惊奇和困惑。他在1842年记录了观测所见：

> 望远镜对准了离木星不远的一颗昏暗的星星，在单纯的肉眼看来，它的大小和亮度并没有什么特别之处；但是当借助望远镜千倍的"视力"仔细观察，就有了令人惊叹的变化！这是一个极其美丽的天体，被两个又宽又平的光环所围绕，周围至少还有七颗卫星，从遥远的深空升起，来迎接惊奇的旁观者们。第一次看到这个奇妙的系统，人们一定会就此折服。当我们向木星这套体系投去审视的目光，这些安排和配置让人倍感神秘：两个巨大而平整的光环，一直保持着稳定运行，直径达到了约32万千米；外观上彼此独立、分开，但又与土星围

哈佛大学天文台38厘米口径的梅茨和马勒折射望远镜，在19世纪40年代末和50年代，被用来对土星进行一系列重要的观测

绕着同一个自转轴旋转，其速度比地球赤道部位的自转
速度还要快1000倍；它的光环、卫星带来了多种多样的
景象，有的上升、有的下落，相互遮挡、有盈有亏，如
此巨大的规模，却保持着很快的变换和运动速度——你
的心灵很难不被震撼，很难不感到疑惑惊讶。[10]

神秘的C环

尽管拉普拉斯的理论已经有六十多年的历史了，但与
土星环结构的观测结果相比，它似乎大体上还是相符的。
到了1850年，较为严重的质疑开始出现了。那一年，哈佛
大学天文台的乔治·邦德（George Bond）发现了一个暗
淡的内环。早在1850年10月10日，邦德利用38厘米口径的

牧师威廉·道斯以其"鹰一般的眼睛"而闻名，他独立发现了土星的C环（黑纱环）

"梅茨和马勒"折射望远镜
（这是当时美国最大的望远
镜）进行观测时，就首次发
觉在B环的内缘有一道半影
光。这一现象在11月11日更
为明显。然而最先提出来这
昏暗的阴影可能也是一圈光
环的，却是志愿观测助手查
尔斯·塔特尔（Charles W.
Tuttle）。在这条新闻穿越大
西洋之前，英国的威廉·道
斯（William Dawes）用一个
16厘米口径的梅茨折射望远
镜，在梅德斯通附近的沃特

灵伯里也独立观测到了这圈光环。

道斯是这样描述的：

> 11月25日，当我用16厘米口径的折射望远镜观测这颗行星时，我第一次在环两端的"手柄"内探测到它。正当我竭力想弄明白这究竟是怎么回事时，我被一些来访者打断了……在下一个晴朗的夜晚，也就是11月29日，我火力全开，进行了全方位的观测，尽管在当时，我几乎无法相信我的眼睛或望远镜……12月2日，拉塞尔先生来访……第二天，也就是3日晚上，我准备给他看看这个新奇的东西，这件事我已经告诉过他，也用图像解释过了。但是，这居然是在他那架更为强大的望远镜里也没能看到的东西，他当然不愿意相信这点。然而，我已经做好了各种准备，恰好当时天文台内的光线也非常暗，这对于土星的观测十分有利。于是在几分钟内，他就把它看得一清二楚。[11]

道斯的朋友威廉·拉塞尔（William Lassell）是英格兰利物浦的一位富有的酿酒商和业余天文学家。当他通过道斯

1850年12月道斯绘制的土星图像。图中显示了C环和恩克环缝

的望远镜仔细观测时，他把这个朦胧的光环第一次描述成一条覆盖整个星球的黑纱。现在，它有时仍被称为黑纱环，不过它的正式名称是C环。

经过证明，新光环是相对容易被看到的，毕竟道斯使用的望远镜的口径只有16厘米。但是它被发现的时间较晚，这一点很令人惊讶。那么，像赫歇尔这样勤奋的观测者怎么会忽视了它呢？俄国天文学家奥托·斯特鲁维（Otto Struve）怀疑这圈光环多年来可能一直在变亮，他将自己对光环直径测量的结果与惠更斯、卡西尼等人测量的情况进行对比，进一步表明B环在以惊人的速度向内侧，也就是朝向土星的方向延伸。根据斯特鲁维的计算，B环将在大约2150年与土星表面发生真正接触！但他显然错了。自惠更斯和卡西尼的时代以来，主环的尺寸并没有发生明显的变化，C环也没有变化。事实上，暗淡的内环在土星表面有投影，向前

1852年11月，威廉·拉塞尔在马耳他的瓦莱塔，用装有赤道仪的61厘米口径反射望远镜，观测并绘制了土星的C环

威廉·赫歇尔1793年11月11日绘制的土星图像，展示了他称之为"五重带"的特征，包括三条暗带和它们之间的两条亮带。C环的阴影投射在行星的表面，表现为第四条暗带

可以追溯到1664年的坎帕尼、1666年的罗伯特·胡克（Robert Hooke）、1673年的让·皮卡尔（Jean Picard）和1720年的约翰·哈德利（John Hadley）的观测记录，所有人都认为那只是土星表面的一条暗带。赫歇尔在1793年绘制了土星的草图，展示了很容易识别的三个大气带和出现在土星球体前面的部分C环的轮廓。在图中，土星球体上部的三条带与中部第四条带的曲率不同，赫歇尔真实地描绘出这第四条带与明亮光环的椭圆内缘是完全同心的。尽管有了这么一个明确直观的视觉线索提示，赫歇尔还是没能将它与土星球体的轮廓联系起来，没能看出来它实际上延伸到了更远的空间，因此错过了一个重要的发现。

在被邦德和道斯辨别出来之后，C环随即被证明是半透明的，因为通过它可以看到土星球体的轮廓。但在此之前已经有了"光环是实心小圆圈"这一概念，这个结果显然与其不一致。那么，会不会有可能光环根本就不是固态的，而是液态的呢？

流体环假说最初由邦德本人提出，几乎是在新环被发现之后，1851年4月15日，他立即在波士顿的美国艺术与科学院宣读了一篇论文《关于土星的光环》（"On the Rings of Saturn"）。[12] 邦德提醒人们注意这样一个事实：对于小环分裂的数量和位置，观测者们往往意见不一；而有时，即便使用世界上最强大的望远镜，在最完备的观测条件下也无法看到更多的细节。（这种情况一直延续到了20世纪。）如果环是由不规则的固体环组成的，像是拉普拉斯提出的那样，那么带来的变化也许是可预期的。但是邦德认为，它们间的相处很可能并不平静，因为这些小圆环会"成为相互干扰的来源，最终导致它们相互撞击，从而摧毁自己"。另一方面，"如果整个环处于流体状态，或者至少不完全是一个凝聚的整体，在对其进行解释时，面对的困难就要少得多"。邦德在哈佛的同事、数学家本杰明·佩尔斯（Benjamin Peirce）在给美国科学院宣读的另一篇论文中，也试图从理论上证明这个环一定是由"在主行星周围流动的一股或者多股密度比水大的流体"组成。[13]

众所周知，预期往往会导致感知产生相应的改变，在流体环假说发表后，似乎也出现了这样的情况。在邦德发现C环后，塔特尔和另一位志愿观测者西德尼·柯立芝（Sidney Coolidge）使用邦德那架望远镜进行观测，报告了三到四种曲线标记，他们称之为"精细的裂缝或者波纹"。[14] 1851年10月20日，塔特尔观测到这颗行星"极为清晰"的影像，它是"美丽、稳定、独特的"。他被这颗行星引人注目的外

查尔斯·塔特尔绘制的土星展示了B环内部一系列波状涟漪和精细的分区状态

Alvan Clark & Sons公司成立于马萨诸塞州剑桥港，离哈佛大学天文台不远。该公司先后5次制造出了世界上最大的折射望远镜，其创始人阿尔万·克拉克刚开始是一个专业的肖像画家，随后进入光学设备制造行业。1853年12月20日，他在哈佛大学用38厘米口径的梅茨和马勒折射望远镜，观测并绘制了这幅精美的土星图像

表所震撼，为了确认这一点，他叫来另外两位观测者一同观测。塔特尔写道："毫无疑问，B环被精细地分为许多窄环。"后来，塔特尔详细阐述了记忆中的观察结果：

　　这种裂缝就像一连串的波浪，凹陷部分对应着环之间的空间，而峰顶则代表着狭窄明亮的环本身。环和空隙都有着同样的宽度。[15]

　　次年，拉塞尔在马耳他岛的瓦莱塔也安装了一台带有赤道仪的61厘米口径反射望远镜，那里空气很好，有利于观测。他在B环的内部看到了一系列同心圆，还有颜色变深的阴影带，他将其比作圆形剧场的台阶。[16]道斯当时使用的是

阿尔万·克拉克（Alvan Clark）制造的19厘米口径折射望远镜，B环在他看来：

> 条纹分明……外缘往里大约五分之一的宽度都非常明亮，其内侧是一条浅阴影的窄条纹，再向内是一条更浅的条纹，接下来是一条相当暗的条纹，然后是一条几乎延伸到内缘的更暗的条纹。[17]

这些结构看起来像是极易消逝的涟漪或波浪，给人留下的印象似乎越来越深刻。

塞瓦斯托波尔围城战役

在证明流体环的假设是错误的之前，一切的进展看似非常顺利，人们对这种光环组成的解释表示了明确的支持。

早在C环被发现的两年前，就已经有一个关于土星光环本质的重要见解，在蒙彼利埃学院《回忆录》（*Mémoires*）得到发表，这是一本鲜为人知的法国期刊。在论文中，数学家爱德华·洛希（Édouard Roche）证明了一个卫星如果太接近它的主行星，无论它是固态的还是液态的，都会被潮汐力破坏。假设行星和卫星的密度相等，他计算出这个临界距离（即洛希极限）是行星半径的2.44倍。对于土星来说，这相当于土星A环的外边缘。洛希已经预示了光环起源的现代理论，但不幸的是，他的工作在当时几乎无人知晓。

接下来，到了1855年，剑桥大学准备举办1856年亚当斯奖的论文征集评选，主题就是有关土星光环的问题，讨论它是否是"液态或气态的，或者包含大量微小的、相互没有联系的团块"。[18] 只有一个人投稿，但他的表现非同寻常，这就是詹姆斯·麦克斯韦（James Maxwell）。在宣布此次征文的主题时，他是剑桥大学三一学院的研究生，当时只有25岁。

麦克斯韦出生在爱丁堡一个富裕的家庭，他的父亲来自中洛锡安郡佩尼库克的克拉克家族，他的叔叔是佩尼库克的第六代准男爵。早年，他的家人搬到了格伦莱尔，位于苏格兰东南部柯库布里郡道格拉斯城堡附近的米德比乡村庄园，

詹姆斯·麦克斯韦，剑桥大学三一学院的学生，当时他成功地解决了土星光环的组成问题

他的父母在这里建造了房子并定居下来。在很小的时候，麦克斯韦就表现出了无法满足的好奇心。从3岁起，任何移动的、闪光的或发出声音的东西都会引起他的疑问："这是什么？"（或者换句话说，"这到底是怎么回事？"）如果对答案不满意，他会接着发问，"具体是怎么回事？"[19]他在数学方面也较早地展现了天赋，他15岁时发表了第一篇论文，主题是关于绘制椭圆曲线的方法。虽然他后来成为有史以来最伟大的物理学家之一（因为他的电磁理论），但他接受"土星挑战"的时候还并不出名，他看到了建立自己声誉的绝好机会。

因为父亲身体不好，麦克斯韦想离开剑桥回故乡苏格兰。最终在1856年，他回到了苏格兰的阿伯丁，在马修学院任自然哲学教授。那时，他才开始有关土星的研究，然后再推动其他的工作，比如教学和辅导学生。他首先从数学上证明了固态环和液态环不能结合在一起，然后又证明了光环只能由一大群微小的卫星组成，它们沿着开普勒轨道绕土星运行。偶尔，关于他的进展的信件中也会出现幽默的转折，比如在给他的朋友、古典学者刘易斯·坎贝尔（Lewis Campbell）的信中，他提到了当时刚刚结束的英国、法国和土耳其军队对塞瓦斯托波尔长达11个月的围困（克里米亚战争期间）：

> 我一直在不停地对土星发起冲击，不时地回到那个冲锋队伍。我已经在固态环上造成了几处裂口；现在我被减到了液态环上，陷入了一场真正令人惊骇的符号冲突中。当我再次出现的时候，应该是在昏暗的环上，这里的情况类似于塞瓦斯托波尔围城战役的现场，一侧

是枪炮的丛林（160千米），另一侧是从未停止的射击
（4.8万千米），但它们都在一个圆圈里旋转，半径达
到了27万千米。[20]

麦克斯韦用数学的"炮弹"对土星光环发起"围
攻"。最后在1859年，他发表了一篇著名的论文，名为
《论土星环运动的稳定性》（*On the Stability of the Motion of
Saturn's Rings*）。[21] 尽管对他的结论从未有过任何质疑，但
直接的证实直到1895年才姗姗到来。当时，在宾夕法尼亚州

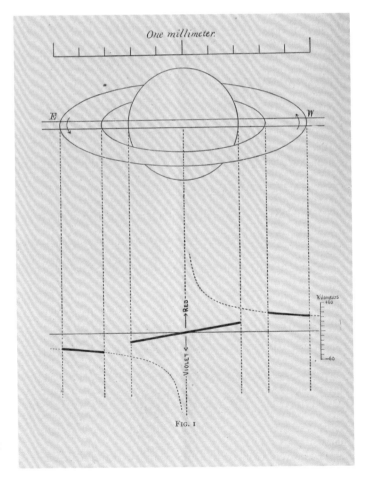

詹姆斯·基勒对土星光环
"流星结构"的演示

匹兹堡的阿勒格尼天文台，美国天体物理学家詹姆斯·基勒
（James Keeler）成功地观测到了光环的光谱。通过把分光
镜狭缝对准光环的不同部分，他可以看到光谱中的线是倾斜
的：如果粒子在开普勒轨道上运行，那么它们的不同速度导
致光环样式多变，光环内缘部位的粒子运动速度会比外缘的
速度要快，这和麦克斯韦的结果一致。

柯克伍德空隙

但如果土星光环真的是一群卫星，那么卡西尼环缝是什
么？为什么在这个特定的地方会产生空隙呢？在19世纪60年
代末，美国印第安纳大学的数学天文学家丹尼尔·柯克伍德
（Daniel Kirkwood）提供了一条线索。早在1866年，柯克伍
德就已经证明，在火星和木星之间的小行星带中，当小行星
的轨道周期与木星轨道周期呈整数的分数比例时，就会出现
相应的空隙，例如，1:3、2:5、3:7、1:2和3:5。一颗小行
星离太阳越近，绕太阳运行的速度越快，它就会一次又一次
地在轨道上的同一位置经过木星，并受到这颗巨大行星的引
力的干扰，就像孩子荡秋千时被推动一样，小行星的轨道和
秋千摆动都有其固有的频率；而且在天文学中，行星会对小
行星的运动产生累积效应，并将其推入一个新的、更稳定的
轨道。

一年后，柯克伍德将同样的理论运用到土星光环上。当
时，土卫一是所发现的最内侧卫星；而在土卫一周期1/2的
粒子所处的位置，他发现正好是卡西尼环缝在光环中所对应
之处。这就是轨道共振。光环中的粒子和土卫一交换能量，
并导致轨道的改变（对于土卫一来说，它的改变量微乎其

微），一直到轨道共振不再存在。其结果就是环上出现了一个空隙。[22]

其他环的结构也可以用轨道共振来解释。在发现C环后不久，道斯就怀疑它和B环的内缘之间存在空隙。这条空隙实际上确实存在，并且位于与土卫一轨道1∶3的共振位置。柯克伍德也试图将轨道共振理论扩展到恩克环缝，他认为恩克环缝代表的是光环中的一个稀疏区域，而不是像卡西尼环缝那样的真正的空隙。当然，后来还有其他人不断用这套理论来解释更多的微小环缝。

基勒的"魔法之夜"

光环的精细结构有时候会短暂地"出现"，这很大程度上取决于观测者所用的仪器和其视宁度，但至少有一个环，也就是A环，有了相当清晰的观测结果。这是在1888年1月7日由詹姆斯·基勒观测得到的。基勒来自位于美国加利福尼亚州汉密尔顿山的里克天文台，并且他也是该天文台的创始成员之一。基勒使用的那一台望远镜口径达到了91厘米，是当时世界上最大的折射望远镜，当晚是它"首秀"。基勒发现当时的视宁度非常好，即使是在1000倍的放大率上，也能对目标进行清晰的观测。可惜的是，为期一周的严寒天气突然侵袭，天文台巨大铁质穹顶的转动机构被冻住了。因此，每天只有在目标天体正好通过穹顶狭窄缝隙的半小时里，才能够对其进行观测。"我们就是这样观测土星的，"基勒讲述道：

它（也就是土星）可能展现出了有史以来最壮观的

景象。通过巨大的物镜，它看起来像是在闪耀着光辉。不仅如此，它表面最细微的细节也显得异常清晰。我曾用小一些的望远镜观测过其中的大部分细节，但当时观测起来是比较勉强的，甚至对眼前物体的真实性会有些半信半疑。这次再看到同样的目标闪烁着丰富的光芒，第一眼就能感觉到一切都跟原来不同。[23]

詹姆斯·基勒绘制的土星图像，展示了1888年1月7日土星的样貌。基勒使用了里克天文台91厘米口径折射望远镜进行观测，这是这架大型望远镜用于观测的第一个夜晚

基勒对影像进行了仔细研究，在A环的外边缘处发现了一条非常窄的黑线。他估计这条线位于"从外边缘往里，略小于环宽度的五分之一处"，并将其描述为"一根蜘蛛丝"。基勒的这一观点前所未有，和追溯到恩克时代的其他天文学家们对外环结构的描述相对比，他的描述显然与之不一致。但是，他的描述却与一个世纪后的航天器观测结果非常一致：

这条线标志着黑暗阴影的开始，它向内延伸，暗度也逐渐减弱，靠近大黑分界线（卡西尼环缝）。分界线相当清晰，在它内、外缘部分的光环几乎有着相同的亮度……很容易看出，在光线不足的情况下，这个阴影系统呈现出一种模糊的线状外观，从环的外缘向内，宽度大约是环的三分之一。那条很宽的光带像是单独存在的，这使它显得更接近环面的中央；而细线本身又看不太清楚，这导致最大的那块阴影看起来更加靠近环的外缘。[24]

事实上，基勒所描述的缝隙被证明确实存在。该缝隙有

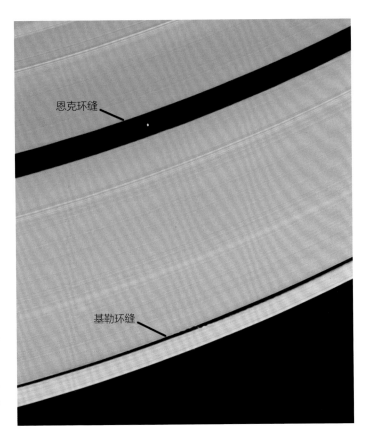

卡西尼号探测器拍摄的A环外侧部分的影像，显示了基勒环缝（不是基勒所看到的，而是旅行者号看到的）和恩克环缝（不是恩克所看到的，而是基勒看到的）所处的位置

恩克环缝

基勒环缝

325千米宽，最终在1979年由先驱者11号（*Pioneer 11*）航天器拍摄到，第二年由装备更精良的旅行者1号航天器再次拍了下来。NASA过于匆忙地将其命名为"恩克环缝"，国际天文学联合会也正式采用了这个名字，尽管是基勒首先发现的它，且恩克本人也从未看见过它！恩克所看到的暗带通常被称为"恩克极小值"，以区别于基勒所发现的实际的缝隙。与此同时，国际天文学联合会将"基勒环缝"这一名称分配给了另一个缝隙——它宽为35千米，位于距A环外缘仅270千米的位置。旅行者号航天器第一次拍下了它的照片。所以请记住，这些特征的命名仅仅是出于习惯，与它们发现的实际历史无关。

球体，边缘的环，以及更多的卫星

与所环绕的行星相比，光环中物质的质量几乎是微不足道的。根据最新的测量结果，它们的质量仅有土星质量的十亿分之三。如果我们在这本书里按照质量的相对比例来决定内容的多少，那么对于光环的描述只能有3页，而对于土星这个球体就需要撰写10亿页的内容。

然而，相对于土星的其他现象（例如土星的球体本身和它的卫星），土星环总是会受到不成比例的关注。就像是魔术师的手绢和魔杖分散了观众的注意力，光环也吸引了人们的视线。几乎每一本天文相关的书籍，都对这个光环的独特魅力大加赞赏，其中英国布里斯托尔的一位业余天文学家威廉·丹宁（William Denning），在他的作品中描写得更为特别：

土星的球体被一个高度反射的光环系统所包围，这给予了这颗行星一个特别的外形，在我们太阳系里，其他的行星都不具备类似的特征……即使是那些老观测家们，也会一次又一次地注视着这个非凡的天体，对于自己的这份坚持，他们也毫不讳言……外形平滑优美，轮廓均匀对称，让人能够始终对其保持兴趣和新鲜感。[25]

与木星相比，这颗行星的球体似乎更为柔和。它表面的颜色是奶油色和棕色，也有一些像木星一样的带状区域，它们的名字也是按照同样的体系来命名的。更为鲜艳的颜色比较罕见（尽管在较大的设备上也能够有所显现），不过肯定没有像木星大红斑那样的颜色。

土星是一颗典型的气态巨行星。它自转的速度相当快，周期只有10小时33分钟，这让土星看起来呈扁球状，也就是说，它在两极方向略扁，在赤道方向略凸出。按照惯例，巨行星的直径是从它们的云顶开始测量的。因此土星的赤道直径是120 536千米，穿过两极的直径是108 728千米。这个差值被称为扁率，达到了10%，是太阳系所有行星中最大的。

如果并排着横穿土星，那么需要9个地球才够用；如果土星是空心的，里面则能装下764个地球。构成土星的物质很轻——我们现在知道几乎全是氢和氦，所以它的密度比水小。如果有足够大的浴缸能把土星装进去，它就会漂浮起来。

再次强调一下，土星足够轻盈，尽管体积很大，它的质量也只有地球的95倍。相比之下，木星的质量达到了地球的318倍。从引力的角度来说，土星和木星是太阳系中除太阳以外最主要的天体。它们俩加起来，占据了超过90%的行星

巨大的光环世界。这是土星和地球在同一尺度下的比较，其中地球的图像是从阿波罗17号上拍摄的

质量；所有的类地行星，包括地球在内，一共仅占据了所有行星质量的4‰。（水星、金星和火星加在一起，还不到一个地球质量。）虽然类地行星对我们来说很重要，但客观地说，地球和它的"兄弟们"只不过是太空中的"垃圾"。

和其他行星一样，我们所看到的土星，只是它云层顶部的对流层区域（但是按照地球上的定义，对流层是大气层的最底层，几乎所有的气候变化都在这里发生）。在土星的对流层之上，云层看起来基本上是稀疏而透明的。然而，要深入了解土星大气层的详细情况，还得等到航天器时代。

在19世纪，考虑到气态行星自身较低的密度，人们普遍认为这些巨大的行星内部是炽热的气态世界，它们演化缓慢，尚处于行星和太阳之间的状态。1870年，理查德·普罗克特（Richard A. Proctor）对这一观点进行了颇具说服力的阐述。他认为：至少对木星而言——云团犹如油画般变幻莫测——由于太阳的距离太过遥远，它所发射的能量不足以驱动木星表面呈现这样的样貌。他写道：

> 由于内部的影响，这个庞大的大气包层里充满了蒸汽团。表面的特征不断地发生着各种扰动，显得迅速而又频繁，说明存在着很大的力的作用。要对一个遥远的天体施加如此大的影响，这远远超过了太阳所能做到的范围……我们似乎可以得出这样的结论，木星仍然是一团炽热的物质，很可能一直都是液态的，仍然在原始大火的烈度下冒泡沸腾，并不断向外喷出巨大的云团，在行星自身快速旋转的影响下，云团聚集成各种形式的带状特征。[26]

土星最引人注目的大气现象被称为"大白斑",实际上是巨大的白色椭圆斑。这些周期性的风暴是土星独有的,它们会变得足够大、足够显眼,通过小型望远镜也能看到。1876年12月,华盛顿特区美国海军天文台的阿萨夫·霍尔(Asaph Hall)首次观测到了大白斑,并记录了下来。当时,霍尔用天文台最新的66厘米口径折射望远镜(也是当时世界上最大的折射望远镜)对土卫八进行观测时,他注意到在土星的赤道区域有一个明亮而清晰的光点,他立即写信给其他天文学家,鼓励他们继续观测。不幸的是,关于这个斑点何时可见,他提供的星历表并不正确。对于土星的自转周期,威廉·赫歇尔在1794年给出的是10小时16分0.4秒,但是霍尔采用的数据比之长13分钟。在当时,几乎所有的教科书上都引用了赫歇尔的数据,但实际上这是拉普拉斯提出的光环的旋转周期,而并不是球体本身的自转周期。幸运的是,这个白斑非常明亮,即便没有星历记录,也很容易被辨认出来。按照土星的标准,这个白斑的寿命非常长。最终,仅在美国,它被至少五个观测者独立观测到,在大约四周的时间里,一共19次穿过中央子午线。由此,霍尔推算出土星的自转周期应该是10小时14分23.8秒,误差在2.5秒左右。

阿萨夫·霍尔,他在1876年12月首次发现了土星的大白斑

顺便说一句，霍尔发现教科书中经常出现的土星自转的相关数值都是错误的，这使他对这些参数产生了怀疑。第二年，他开始寻找火星可能存在的微小卫星，但在当时，普遍认为火星没有"月亮"。最终他成功了，在1877年8月发现了火卫一和火卫二。他因为发现火星的这两颗矮卫星，而永远被人们铭记。

随着光环的摆动，从小型望远镜中看过去，有几个星期是看不见土星光环的；甚至在最大的望远镜中，也有几天看不见土星环。这个时候土星看起来确实跟我们印象中不同，但是能够毫无干扰地揭示其真实的面貌：一颗典型的类木行星，就像是木星的孪生弟弟（或妹妹）。当然此时也能看出它与木星有不同之处：除了大气层带状区域的区别之外，赤道上一条极暗的细线，也就是土星环的阴影，仍然可以被看到。（永远提醒我们光环的存在！）即使在几乎"不存在"的时候，光环仍然占据着重要的位置；因为正是在环的边缘正对着我们的期间，一些对环本质的最深刻见解才能被揭示出来。此外，这时往往也是发现土星新卫星的最佳机会。

如前所述，在沿着轨道运行的过程中，太阳和地球穿越土星环面，间隔分别为13年零9个月和15年零9个月，在此期间地球会穿越环面一次或三次。当地球三次穿越环面时，中间的那次出现在土星冲附近，另外两次出现在两个方照附近（即土星、地球、太阳三者的夹角为90°的地方）。惠更斯在1671年至1672年间的三次穿越发生时，首次对此进行了计算。[27] 当只有一次穿越时，地球和土星位于太阳相对的两侧。

下表列出了近期和未来的环面穿越情况，以供参考：

地球和太阳穿越土星环面的情况表

年份	日期	天体	方向
1966	6月16日	太阳	由南到北
1966	10月28日	地球	由北到南
1966	12月18日	地球	由南到北
1980	3月3日	太阳	由南到北
1980	3月12日	地球	由北到南
1980	7月23日	地球	由南到北
1995	5月22日	地球	由北到南
1995	8月10日	地球	由南到北
1995	11月19日	太阳	由北到南
2009	8月11日	太阳	由南到北
2009	9月4日	地球	由北到南
2025	3月23日	地球	由南到北*
2025	5月6日	太阳	由北到南
2038	10月15日	地球	由南到北
2039	4月1日	地球	由北到南
2039	1月23日	太阳	由南到北
2039	7月1日	地球	由北到南

*由于土星与太阳的上合发生在2025年3月12日，3月23日时土星与太阳的角距离只有6°，因此这次穿越对地球上的观测者来说几乎是无法观测的。

在穿越环面期间，土星看起来像是一个被针刺穿的棉线球，卫星像是棉线上的发光珠子，这个画面充满了童趣，早期的一些观测者甚至错误地认为那是耸立在光环表面的真实的山脉。[28] 就像停电时能看到天空中的星星一样，随着光环眩光减弱，较为暗淡的卫星可能会显现出来，它们在平时很难被看到。卡西尼就是这样在1671—1672年发现了土卫八和土卫五，在1684年发现了土卫四和土卫三。在1789年的光环穿越过程中，两颗新卫星也被发现了。

那一年，威廉·赫歇尔在他位于英格兰斯劳的天文台，用6.1米焦距的反射望远镜[29]对土星及其卫星和光环现象进行了全面的观测。8月28日，他在观测日志中记录了以下内容：

> 土星与五颗其他的星星排成一行，非常漂亮。其中离我们最近的，可能是一颗迄今从未被观测到的卫星。它没有其他的星星明亮。它与其他四颗卫星以及光环之

这幅版画展示了赫歇尔在温莎附近的达切特装配的反射望远镜，其焦距为6.1米，主镜直径为47.5厘米。这是赫歇尔最多产的设备之一，土星的两颗新卫星就是用它发现的

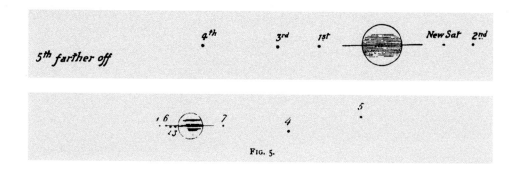

间的精确位置，让我立刻觉得这应该也是一颗卫星。[30]

后来，他的儿子约翰·赫歇尔将这颗卫星命名为Enceladus，即土卫二。赫歇尔在9月8日对它进行追踪时，发现了另一颗更暗淡的卫星，约翰又将其命名为Mimas，也就是土卫一。

另一颗卫星在1848年被发现，这是最后一颗被目视发现的土星卫星——土卫七。哈佛大学天文台的主任威廉·邦德（William Bond）使用38厘米口径的梅茨和马勒折射望远镜，首先发现了土卫七。接下来的几晚，威廉·拉塞尔在英国利物浦附近的斯塔菲尔德，用带有赤道仪的61厘米口径望远镜也对它完成了独立观测。土卫七的轨道在土卫六和土卫八之间，经常远离土星，所以尽管它很暗淡（只有14等），但在土星眩光的照耀下，大部分时间都很清晰易辨。尽管如此，几乎没有业余爱好者见过它，这主要是因为他们没有预先花时间弄清楚具体该往哪里看。

在1789年的环面穿越过程中，赫歇尔试图利用卫星在环前后经过的过程作为测微计，来估算环的厚度。他估计这个值不超过320～480千米。然而这个值太大了，后续的观测不断地缩小这个数值。根据航天器探测的最终结果，我们现在

上图：1789年8月28日，赫歇尔利用12.2米焦距的大型反射望远镜绘制了土星草图，以验证第六颗卫星（土卫二）的存在，这颗卫星之前是用6.1米焦距的反射望远镜探测到的

下图：1789年10月20日，赫歇尔利用6.1米焦距的望远镜绘制的草图，展示了沿着光环排列着七颗卫星：土卫三、土卫四、土卫五、土卫六和土卫八，以及赫歇尔的两个新发现土卫二和土卫一

可以肯定环的平均厚度不超过10米。在有些部位，由于环内部产生的波浪，垂直方向的落差可能达到数千米。如果土星被缩小到一个篮球的大小，那么相应的，光环的厚度将只有人类头发的1/250。

奇怪的是，土星两侧的光环的可见度往往不相等。在这种条件下确定光环的可见性时，就必须更加谨慎。1891年10月，地球穿越土星光环平面的时候，美国天文学家爱德华·巴纳德（Edward Barnard）在里克天文台使用91厘米口径折射望远镜观测时发现：镜头中看起来一闪而过的光环，可能只不过是光环阴影的后像而已。

当太阳和地球在土星环平面的两侧时，我们就可以看到光环的暗面，显然光线不是被土星球体反射了，就是被土星环过滤了。在光环上可以看到微弱的光斑，19世纪的天文学家称之为"结"或"凝结"。赫歇尔在1789年就注意到了这些现象，并进行了仔细的研究。尽管大多数观测结果后来被发现那是叠加在光环线上的卫星，但赫歇尔仍留下了将近50次观测结果，主要记录于1789年10—12月，这些与任何已知卫星的位置都不符。19世纪土星的主要观测者们记录下了凝结的位置，但在很长一段时间里都对其难以理解。

巴纳德曾经使用叶凯士天文台1.02米口径的折射望远镜做出了一系列重要的观测。他在1908年1月地球穿越土星环面期间，观测到这些凝结正好位于C环和卡西尼环缝的位置。[31] 由此，巴纳德得出结论：无论是C环还是卡西尼环缝，都不是完全没有细微颗粒的。借助探测器的观测，我们已经得知这个结论是正确的。之所以存在凝结，是由于当我们从光环的暗面看过去时，太阳光已经被A环和B环完全背散射，几乎没有光线通过环面，而C环和卡西尼环缝这两个

N   1907 Nov. 25 6 н. 0 м.
FIG 1.

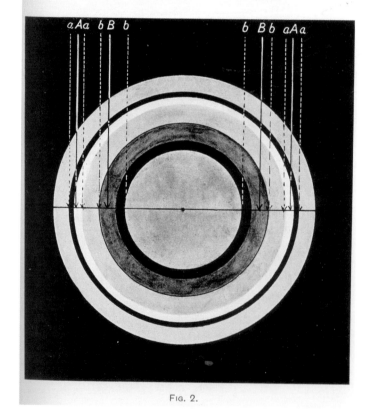

FIG. 2.

上图：1907年11月25日，巴纳德使用叶凯士天文台1.02米口径的折射望远镜观测，得到的土星图片

下图：字母A、B表示这些凝结聚合中心的位置，字母a、b表示它们的界限，并显示了它们与光环结构间的联系

部位只有稀疏的颗粒分布，光线几乎全部透过，使这个区域微微发光。顺便说一下，现在利用飞掠或绕轨道飞行的航天器所看到的实际情况与刚才的分析是一致的。

一群"月亮"

土星拥有众多的卫星，数量仅次于木星。[①] 惠更斯发现的大型卫星土卫六，每16天绕土星运行一圈，距离土星中心122.18万千米。土卫六的直径为5149千米，比水星还要大，在太阳系所有卫星中排名第二，仅小于木卫三（直径5162千米）。它也是唯一一个有实质性大气的卫星，这是由杰拉德·柯伊伯（Gerard Kuiper）发现的，他当时在得克萨斯州麦克唐纳天文台，把摄谱仪安装在2.1米口径的反射望远镜上，从而探测到了甲烷的光谱特征。

在卡西尼的发现成果中，土卫八的直径为1471千米，轨道距离土星356.09万千米，公转周期为79天。正如卡西尼自己所指出的，土卫八之所以引人注目，是因为它位于土星西侧时，比在东侧明亮了近两个量级，这意味着土星表面一个半球的反光物质比另一个半球多。卡西尼发现的其他卫星，包括土卫三、土卫四和土卫五，它们与土星的距离在29.47万千米和52.71万千米之间。其中土卫五最大，直径达到了1529千米，其他的只有1000千米左右。

在土卫三内侧，还有直径仅为499千米的土卫二，它在距离土星中心23.81万千米的轨道上运行，周期仅为1.37天。然后是土卫一，直径397千米，在半径为18.56万千米的轨道

---

① 截至本书出版，土星的卫星数量已达到146颗，超越了木星的卫星数量。——译者注

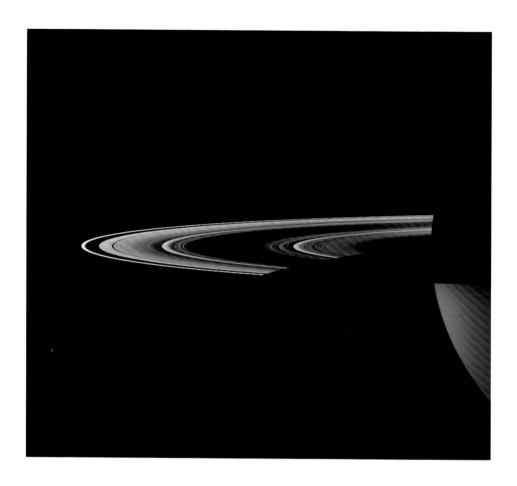

上运行，它的周期更短，只有0.942天。即使在大型望远镜里，这两颗卫星跟威廉·赫歇尔最初发现它们时也差不多；但正如我们现在从太空探测器中所观测到的，它们正在以自己的方式运转，特别是土卫二，它有可能成为除地球之外，最可能找到生命存在的地方（详见第六章）。土卫七是一个形状不规则的天体，在环绕土星运行的时候，它会疯狂地翻滚——一个经典的混沌运动的例子，其变化完全不可预测。

除此之外，还有一颗卫星土卫九，是哈佛大学天文学家威廉·皮克林（William H. Pickering）在1898年发现的。它也是太阳系中第一颗使用照相技术发现的卫星。土卫九与土

卡西尼号拍摄的土星环，这是由向前的散射光形成的。太阳位于土星的后方，太阳光正从相对稀疏的C环、卡西尼环缝、A环和F环中穿透过来

1996年4月，哈勃空间望远镜拍摄的土星照片，图中展示了它表面色彩丰富的带状特征。球体上的阴影是土卫六投下的，它的本体位于光环的左上方

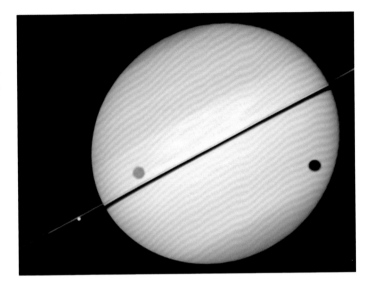

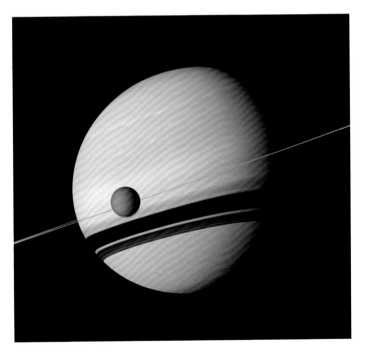

2012年5月6日，卡西尼号所拍摄的土星和土卫六

星的距离为1294.43万千米，公转周期为550天，在轨道上的运行方向与其他卫星正好相反（逆行），轨道平面与土星的公转轨道相比倾斜了150°。土卫九的外形还算比较圆，直径约214千米，有一个相当模糊的光环，被称为菲比环，是用"斯皮策"红外太空望远镜在2009年发现的。目前认为这个光环应该是卫星表面受到陨石撞击后，向外溅射出的尘埃颗粒形成的。

1904年，皮克林报告发现了另一颗昏暗的卫星，他称之为Themis。然而，照片中的这一目标很可能是暗场恒星或者是靠近其留点的小行星。无论如何，这颗卫星并不存在。

在那之后一直没有发现更多的卫星，直到1966年。当时正好是土星光环的边缘正对着我们，这为搜寻者们提供了极好的条件。考虑到环缝的位置和已知的轨道共振位置存在差异，法国天文学家奥杜安·多尔菲斯（Audouin Dollfus）怀疑在环的内侧可能还有卫星存在。他在日中峰天文台使用一台61厘米口径的折射望远镜进行观测，上面安装了一个特殊的滤光片，能够减少来自土星的眩光。从图像中，他最终找到了第十颗卫星，也就是土卫十。随后，亚利桑那大学的史蒂芬·拉森（Stephen Larson）和约翰·方丹（John W. Fountain）对观测结果进行了进一步分析，他们认为那里

土卫十一和土卫十，在2006年3月20日，也就是交换轨道两个月后，卡西尼号拍下了它们的照片。它们虽然看起来是相邻的，但实际距离约4万千米。当时航天器距土卫十一45.2万千米，距土卫十49.2万千米

如果有两颗卫星的话，比仅有一颗更合理。探测器的观测结果也证明了这一点：这是两颗共轨卫星，分别被命名为Janus（土卫十）和Epimetheus（土卫十一）。土卫十的尺寸为220千米×160千米；土卫十一略小一些，尺寸为140千米×100千米。这两颗卫星与土星的距离都是15.14万千米，公转周期几乎相同，大约是16小时40分钟。它们之间的距离实际上比其直径之和还要小，但由于二者的公转周期仅相差约半分钟，它们每四年才能相遇一次。每当它们相遇时，就会相互交换轨道，原本更靠近土星的这颗卫星的轨道会向外侧移动，反之亦然。它们是五颗小卫星中最外层的一对，这些小卫星的形成似乎与土星环密切相关，并且与光环结构紧密相连，因而被称为"行星环卫星"。不用说，这些已经远远超出了普通爱好者的观测和研究范畴。

在航天器时代的前夕，也就是1979—1980年，地球上的观测者在拉格朗日点发现了另外三颗小卫星：土卫十二、土卫十三和土卫十四。相对于其他卫星，它们相互处在土星周围等距离的位置上，因此处于引力稳定的状态。土卫十二和土卫四在同一轨道上运行；相应地，土卫十三、土卫十四和土卫三也位于同一轨道上。这是最后在地球上被发现的几颗土星卫星，其余的卫星大小和样子都跟小行星差不多，而且都是由太空探测器发现的。

2004.1.28

2004.1.26

2004.1.24

这是一组合成图像，由哈勃空间望远镜搭载的影像摄谱仪在2004年1月24日、26日和28日拍摄的紫外线极光活动伪彩色图像，叠加在高新巡天照相机在2004年3月22日拍摄的可见光图像上合成的

第三章
土星：深度探索

　　19世纪的天文学家认为，包括土星在内的这些巨行星都是热的气态天体，距离最终成熟蜕变为太阳还有一些差距。他们还猜测，在它们的云层中观察到的扰动现象，尤其是在木星上，发生得如此迅速和频繁，只有假设这些行星自身能够产生热量才能解释。正如理查德·普罗克特所说："我们似乎可以得出这样的结论，木星仍然是一个发光的物体，可能自始至终都是流体，其内部仍然在翻滚和沸腾，就像是原始的火球。"[1]

　　根据在木星对流层中发生的情况，我们通过观测可以得出这样的推论：木星对流层是大多数"天气变化"发生的层，这一点和地球一样。在土星上，类似的这一区域的气压约为100千帕，与地球表面的气压大致相同。这也是经典观测者所研究的、可见的云现象发生的地方。

　　在海拔更高的地方，气压小于0.1千帕，大气稀薄且稳定分层，这里便是土星的平流层。在这个区域，各种光化学反应、高能粒子作用占据了主导，特别是在极光区，会产生大量的平流层气溶胶，例如线形链（聚乙炔）或由甲烷产生的多环芳香烃。

　　和地球上类似，土星上的极光也是由磁场产生的。通常认为，是土星内部深处的导电流体区域产生了磁场（可能在金属氢层中；详见下文）。磁场会产生一个作用区域，称为磁层，来自太阳的磁场无法将其穿透。就像地球的范艾伦辐射带一样，土星将带电粒子（离子）束缚在这个区域内。带电粒子沿着磁场线进入高层大气，产生土星极光，只有在南北两个半球、纬度在78°～81.5°的狭窄区域才能观测到。

作为宇宙中最常见的元素，在大部分巨行星内部，氢和氦占据了超过99%的质量；其他气体，如甲烷、氨和硫氢化铵等，一般出现在对流层中，作为各种多彩的云层特征而存在。不同成分的云凝结成小液滴或固体小颗粒，取决于不同的温度和压力：在100千帕的压力下，甲烷在75 K（−198℃）开始凝结，氨是在150 K（−123℃），硫化铵是在200 K（−73℃），水是在273 K（0℃）。这可以用来解释在连续的不同深度上，云层的不同特征表现。土星的平流层温度极低，所以发现甲烷只有在平流层中才会凝结。对流层中云层的情况按顺序排列如下：

1.由白色氨云组成的最上层云顶；

2.净空区域；

3.褐色的硫化铵云层；

4.水冰云层；

5.氨水和水的混合溶液。

在木星上也发现了类似的云层分布，考虑到木星的引力更大、氢氦两种元素占比更高，云层在垂直范围上受到的压缩更多，所以其深度比土星云层要小得多。在木星上，氨云的厚度大约有10千米，在硫化铵云层上30千米处，在水冰云层上50千米处。而在土星上，氨云在大约100千米的深度出

土星表面带和区域的命名
S.P.R: 南极区域
S.T.Z: 南温区域
Eq.Z: 赤道区域
N.T.Z: 北温区域
N.P.R: 北极区域
S.S.T.B: 极南温带
S.T.B: 南温带
S.E.B: 南赤道带
Eq.Band: 赤道带
N.E.B: 北赤道带
N.T.B: 北温带
N.N.T.B: 极北温带

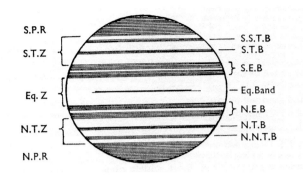

现，硫氢化铵云在200千米的深度出现，水冰云要到275千米的深度才能出现。相比之下，天王星和海王星这两颗外太阳系的气态巨行星距离太阳足够远，足以让甲烷凝结，所以它们的上层云顶是甲烷云，而不是氨云。这就解释了为什么这两颗遥远的行星在望远镜中呈现蓝绿色而不是白黄色。

土星的云层呈现出与木星相同的全球环流模式，由于快速旋转形成了一系列较暗和较亮的条带，通常被称为带状区域。然而，与木星相比，土星的特征似乎不那么明显，这主要是因为土星大气的垂直深度比木星大——云层上方有更多的气体，而且有更厚的气溶胶层。这些带状区域的命名与木星上的类似。如图所示，中间有一个明亮的赤道带，两侧是较暗一些的带，以及北赤道带和南赤道带等。

在地球上，我们是生活在地表的生物，呼吸着周围的空气，周围的环境就是对流层。我们会很自然地把这些行星的各个云层与我们熟知的大气现象相比。就这些可见的特征而言，确实如此——各种"天气"状况就发生在对流层。当然，必须要强调的是，这些气态行星与地球有很大差别。它们没有坚实的表面，无法在上面站立；但可见的大气层与地球的一样，只占整个行星质量非常小的一部分。不过，这些行星深处的大部分区域我们还无法直接观测到。

土星

下表显示了土星大气中各种成分的测量比例，以及与太阳和其他巨行星的对比。值得注意的是，在每一个天体的大气中，氢和氦都是最主要的成分，整体约占98%或99%。

在太阳和巨行星的大气中所检测到的气体及所占比例（%）

	太阳	木星	土星	天王星	海王星
氢（H_2）	84	86.4	97	83	79
氦（He）	16	13.6	3	15	18
水（H_2O）	0.15	（0.1）	—	—	—
甲烷（CH_4）	0.07	0.21	0.2	2	3
氨（NH_3）	0.02	0.07	0.03	—	—
硫化氢（H_2S）	0.003	0.008	—	—	—

注：有效数字最后一位均不确定；横线表示缺少数据。

土星对流层：风的运动模式

和木星类似，土星大气中的一系列条带和其所处区域的喷流有关。一个多世纪前，人们已目视观测到这些喷流；现在，通过哈勃空间望远镜和空间探测器已对其进行了具体的研究。从总体上看，至少最近一个世纪以来，这些特征都非常稳定。土星上，赤道附近的纬向气流相当对称，且主要是向东流动；此外，土星上中纬度的向东气流比木星上相应的气流要快。最极端的例子是强大的赤道气流，风速达到了1800千米/小时——这相当于土星大气声速的三分之二。利用能够穿透烟雾、深入观察对流层的设备进行观测，所得到的结果显示这些条带的宽度会随高度而变化：较暗的带较窄，通常处于快速急流的位置；较亮的区域更宽，与较慢的

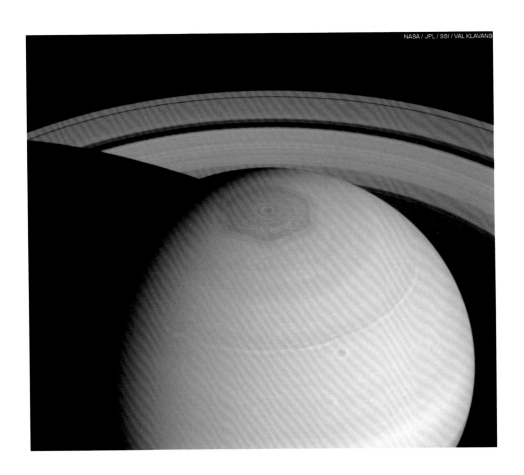

NASA / JPL / SSI / VAL KLAVANS

北极涡旋周围的六边形图案，土星南极附近没有类似的特征

喷流重合，甚至对行星的自转是相对静止的。在喷流的边界处，会产生破碎的风浪，相应的风切变会产生漩涡，这些漩涡可能会碰撞、合并和消失。其中大多数只持续几周，但也有一些持续时间更长。例如，1980年旅行者1号在土星高纬度区域（南纬55°）记录到一个较大的红色斑点，大小相当于木星大红斑的三分之一。旅行者2号在与土星相遇期间，对它进行了持续的跟踪，一直到1981年9月。

旅行者号还在土星北极涡旋周围发现了一个奇异的六边形图案，六边形的每条边都有13 800千米长，涡旋的自转周期是10小时39分24秒。这种六边形结构被认为反映了大气中的驻波模式。（在实验室中，通过对流体的差速旋转也能产生类似的形状。）虽然在土星的南极也存在涡旋，但并没有形成六边形结构。

色彩

总的来说，土星上的颜色是柔和的奶油色和棕色。当然，不同季节也有着微妙的变化。例如，英国天文协会

2013年7月29日，卡西尼号拍下的照片。图中展示了光环复杂的阴影投射在土星球体表面上。请注意光环阴影下方的蓝色，这表明南半球已进入冬季

（BAA）土星分部的观测者们就指出， 1947—1950年，土星南半球的夏末呈现的是暖色调，而北半球的冬末则相应呈现冷色调（淡褐色与浅蓝色）。

1992年至1993年间，作者在法国的日中峰天文台使用1.06米口径的卡塞格林反射望远镜，在威斯康星州的叶凯士天文台使用1.02米口径折射望远镜，分别对土星进行了目视观测，发现光环上方的整个南半球呈现出强烈的蓝绿色，类似绿松石的颜色。[2] 然而两年后，也就是1995年太阳从北向南穿越土星环平面后，它的南半球呈现出明显的棕色，而北半球则变成了蓝绿色。

季节色彩产生变化的原因，可能是秋冬两季日照时间较短，使得太阳紫外线通量较低，以及光环阴影的遮挡。在这种情况下，通常的气溶胶不会形成，上层大气大部分是透明的，会发生阳光的瑞利散射（短波长散射）。这就像在地球上，无云的天空看起来是蓝色的一样。此外，土星大气中含有的甲烷能有效吸收太阳光谱中的红光。在遥远冰冷的天王星和海王星上，大气中氨云和水云所在的深度比木星和土星上更深一些，因此较高的云层呈现出蓝色，与无云天空相同。我们看到的土星上的蓝色半球，用卡西尼号成像小组负责人卡洛琳·波尔科（Carolyn Porco）的话来说，是"一片海王星大气被拼接在了土星表面"。[3]

光环在土星表面的阴影对天气有着显著影响。不仅光环阴影处的温度会降低，而且阴影还影响了土星上层大气的电离部分，也就是电离层，它位于可见云顶之上300到5000千米。阴影能够减少来自太阳的紫外线辐射，于是更少的粒子被电离（电离就是粒子失去电子、获得电荷的过程）。在土星位于二分点时，如果太阳正好穿越环平面并位于赤

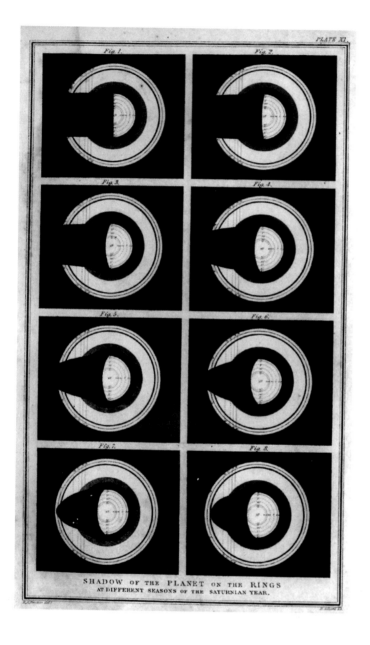

在不同的季节，土星本体在光环上形成的不同阴影。左上为二分点，右下为二至点

在不同的季节，光环投射在
土星表面的阴影。左上为二
分点，右下为二至点

道平面上，此时太阳光对土星环实际上是"关闭"的。在大约四天的时间里，整个光环系统都处于黑夜状态，而环的温度也急剧下降——根据2009年8月11日卡西尼号航天器在环面通道飞行期间的测量，当时的温度已经下降到了43 K（−230℃）。

大白斑：土星标志性的大气现象

土星上最剧烈也是最引人注目的大气现象，被称为"大白斑"。自1876年第一个大白斑被阿萨夫·霍尔发现之后，直到1903年才有人第二次观测到大白斑，而且这个大白斑不在赤道区域，而在北温带（北纬36°）。这次观测是在6月中旬，巴纳德在叶凯士天文台使用1.02米口径折射望远镜第一次记录下这个特征。他感到很吃惊，因为以前从没看到过这样的现象。[4]英国著名业余天文爱好者威廉·丹宁，在英国布里斯托尔用25厘米口径的反射望远镜独立发现了它。与此同时，西班牙天文学家何塞·科马斯–索拉（José Comas y Solá），在巴塞罗那用15厘米口径的折射望远镜也独立观测到这个现象。土星上的大白斑持续可见，达数月之久，它应该与各种小的白色和黑色斑点的爆发有关。在土星表面，它们的自转周期都是10小时38分钟左右。

1933年8月，在赤道地区又出现了另一个大白斑，这次的第一位记录者是威廉·海伊（William Hay）。他是长期活跃在舞台和银幕上的英国喜剧演员，以饰演滑稽的校长角色而闻名，是1938年英国票房排名第三的喜剧明星，仅次于乔治·福姆比（George Formby）和格蕾西·菲尔兹（Gracie Fields）。作为一名敏锐的业余天文学家，8月3日那天，海

1933年8月3日，威廉·海伊绘制的土星赤道白斑

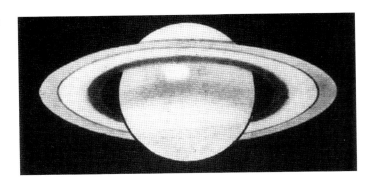

伊在他位于伦敦郊区诺伯里的私人天文台用一架15厘米口径的折射望远镜看到了这一现象。"那天晚上我就是偶然看了一下土星，"他当时说道：

> 和其他天文学家一样，我经常观看土星，因为它的光环是所有行星中最美丽的。当我看到这个白点的时候，我承认我感到很兴奋。我立刻给英国天文协会的史蒂芬森（Steavenson）博士打了电话——只是为了确认我没有"产生幻觉"。就算是当时我没有看到它，这个白斑迟早也会被其他人发现。[5]

所以这一切就发生了。两天后的晚上，美国海军天文台的一位天文学家也独立观测到大白斑。它的自转周期是10小时14分24.2秒，和1876年霍尔发现的那个白斑的周期几乎一样。这个白斑虽然略小一些，但是更清晰易辨，与1876年的那个大白斑相比，经度差了大约75°，但经历了同样的爆炸性增长和扩张过程。

至于下一个大白斑，是在1960年3月31日由南非业余天文学家博瑟姆（J. H. Botham）用15厘米口径的折射望远镜记录到的。差不多一个月后，法国天文学家奥杜安·多尔菲

斯在日中峰天文台用61厘米口径的折射望远镜对它进行了独立观测。根据多尔菲斯的观测数据，它的公转周期为10小时40分30秒。

大白斑每30年出现一次，这一事实值得注意。基于纯粹的观测经验，西班牙行星天文学家阿古斯丁·桑切斯–拉韦加（Agustín Sánchez-Lavega）在1989年提出：新的大白斑可能很快就会爆发。事实证明确实是这样的。1990年9月24日，业余天文学家斯图尔特·威尔伯（Stuart Wilber）在新墨西哥州拉斯克鲁塞斯使用一架25厘米口径的反射望远镜，在土星的赤道区域探测到一个小亮点。之后的几天内，我（本书作者）只用60毫米的折射望远镜就能看到这个亮点。接下来的一个星期，这个点继续延伸，成为一个长约15 000千米的椭圆状云团。到了10月底，白色的云环绕着整个土星，赤道南北两侧的快速气流形成了一条黑色的带，把这个白色云环分开，北侧边缘同时出现了美丽的彩色花云。哈勃空间望远镜在11月初拍下了这漂亮的景象，不过可惜的是，当时的望远镜还没有安装光学矫正器，因而照片上存在球面像差。接下来的6年里，赤道地区继续有白色斑点零星爆发。1994年7月中旬，有一次爆发特别值得注意：在小的白色斑点出现之前，先出现的是一个深色的柱状结构。接下来的几个星期，它发展成明显的椭圆形，用业余望远镜也很容易看到。

这应该是一种季节性现象，集中在土星北半球的夏季——1990年大白斑的出现强化了这一观点。在这种情况下，下一次，也就是第六次爆发，应该要到2020年左右的某时才会发生。

2010年的白色风暴

事实上，我们非常幸运——接下来的大白斑现象很快就发生了，当时卡西尼号正好在环绕土星的轨道上，处于一个最佳观测位置。最初是一场巨大雷暴，比地球上典型雷暴的强度大100倍，伴随着强烈的闪电和云层扰动，形成了由氨晶体组成的密集积云，并迅速扩张，场面非常壮观。这些积云迅速环绕了土星，在接下来的6个月都持续可见。

2010年的风暴开始于一个白点，位于北纬37.7°的地方。两位十分敏锐的业余天文学家，来自伊朗的萨迪克·戈米扎迪赫（Sadegh Gomizadegh）和来自日本的熊森照明（Teruaki Kumamori），分别在12月8日和9日拍摄的CCD图像中注意到了这个现象。通过对早期图像的再分析发现，早

北半球的大风暴。这张照片拍摄于2011年2月25日，此时风暴已开始12周。图中白色氨积云的尾迹正缠绕着这颗星球

在12月5日，这个小白点就已经出现了。那一天，卡西尼号所搭载的无线电和等离子体波科学实验仪，捕捉到了强烈闪电活动所产生的强大射电辐射。与此同时，它的成像科学子系统在同一位置记录下一个白点，其宽度达到了1000千米。直到12月22日，卡西尼号才获得了另一张图像。爱好者们在此期间对大白斑进行了持续的严密监视，并发现扰动的顶端开始向东扩展，并形成一条尾迹。12月10日，它的宽度增加到8000千米，使用小型望远镜也可以很容易看到一片明亮的白色斑块，它在延续之前风暴的运行状况。在最初出现的55天内，它的顶端被速度高达30米/秒的风吹向西方，这使其在土星表面环绕了一圈，赶上了尾部的末端。整个星球被稠密的氨积云所环绕，形成了丝丝缕缕的结构，非常漂亮。在不断上升的潮湿热气流驱动下，云层就像被螺旋弹簧推进一样不断向上，从土星大气的深处向外侵入到云顶处的薄雾层。

2010年的风暴发生在北半球的中纬度地区，这与1903年和1960年的情况类似。现在看起来，这些风暴似乎是在中纬度和赤道之间交替发生的，其时间间隔大约为60年。在建立数值模型并进行分析后，美国加州理工学院的安德鲁·英格索尔（Andrew Ingersoll）和研究生李成认为，这个准周期性的形成可以通过水的负载机制来解释：土星大气的主要成分是氢和氦，相比之下水分子质量较大，因此潮湿空气的对流被抑制了数十年。[6]当水分形成液滴析出时，上层的大气会变得更轻，并一直持续到辐射冷却来重启对流的进行。但是上层的大气温度很低、体量巨大，辐射冷却的进展也很慢，所以需要花费二三十年来引发一场风暴。当有温暖、潮湿、轻盈的空气从下层迅速上升时，如我们所见，变化就突然发

北半球风暴的演化过程

生，并产生引人注目的结果——这是一场真正巨大的雷暴，其规模接近地球的直径。

根据李成和英格索尔的计算，似乎大气中的水蒸气含量必须达到一个临界水平，才能形成环绕行星的风暴。在土星大气中，水蒸气在氢和氦混合气体中的占比达到了1.1%，这被认为是在临界值之上。而木星大气中的水蒸气含量相对较少，占比只有土星的一半。这大概可以解释为什么在木星上不能形成环绕整颗行星的风暴。

深入内部

在19世纪，有观点认为行星内部充满着热的、流动的物质。这纯粹是个印象派的猜测，有很大的运气成分。直到20世纪20年代初，剑桥大学数学家、地球物理学先驱哈罗德·杰弗里斯（Harold Jeffreys）才开始针对行星内部建立并发展了第一个严格的数学模型。

当时，杰弗里斯从行星的大小、形状、质量和自转速度等最可靠的信息开始，基于行星构成上的不同假设建立行星模型，努力将其与实际情况相匹配。直到今天，这项工作仍在继续，只不过现在有关行星的基本信息都来自空间探测器，而不再由地面观测提供。此外，我们对巨行星的组成和物质的性质也有更详细的了解，比如研究木星、土星大气中致密氢氦混合物的状态方程。与杰弗里斯的模型相比，当前模型的受限要好得多，但杰弗里斯至少在一些主要特性方面开辟了正确的方向。[7]

根据杰弗里斯的分析，这些巨行星并不像人们所认为的那样，是"半熟"的太阳。相反，它们有冰冷的大气层和固态的内部，与类地行星的岩石内核相比，它们的内核由密度更低的物质组成。1926年1月，在英国天文协会的一次会议上，杰弗里斯概述了他关于"四颗外行星的物理条件"的理论，与会人员中包括了许多主要的业余行星观测者。他承认自己"就像是但以理被投进了饥饿的狮子洞"（圣经旧约里的一个典故），因为他从来没有用口径超过5厘米的望远镜对任何行星进行过观测。[8]他收到了很多反对意见。一个著名的观测者坚持认为，基于自己所看到的，木星大气中的巨大扰动现象只能用行星和太阳间的类比来解释；另一个人则提出了更乐观的折中方案，他认为木星内部也许是炽热、熔融的，同时表面又是冰冷的，所以巨大的火山喷发会造成木星大气的巨大扰动（就像是木星的大红斑），甚至偶尔会向外喷射出短周期彗星。

最后，还是杰弗里斯赢了。他关于巨行星内部的想法被证明是基本正确的，并对后来继续产生影响，促进了土星和其他巨行星内部模型的进一步完善。这些模型在很大程度上依赖于太空探测器的数据。在2004年7月，卡西尼号探测器进入环绕土星的轨道时，相关模型已经发展得相当详细、严谨和协调。

　　人们假定，在对流层和可见云层下面，由于深度和压力不断增加，氢和氦的结构特性会逐渐变得一致和均匀。在大约1000千米的深度上，氢和氦变成液态，液氢层形成，并附着在较重的液氦层上。在这种条件下，氢分子紧密结合，电子不能自由移动，所以液氢层就像一个绝缘体，即电的不良导体。在更大的深度和更大的压力下，氢分子分裂成单个的原子，电子能够自由移动。此时的氢变成了导体，这就是金属氢的由来。从液态氢到金属氢的这种转变，地球上只有在实验室里用激光创造的极端条件下才能实现[9]；而这一切都发生在土星云层顶部以下约3万千米处，那里的压力

气态巨行星内部模型

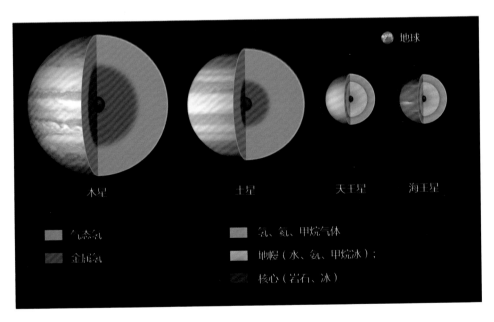

2018年4月1日，美国朱诺号探测器第12次近距离飞越木星时所拍摄的木星照片

达到了大约3亿千帕。在更深处，靠近中心的地方，温度为11 700℃，相当于太阳光球层的温度，压力相应达到50亿千帕，那里可能存在一个由镍铁和岩石构成巨大核心。木星被认为有着与此类似的结构，当然，它的温度和压力更高，中心部位的压力可能高达100亿千帕。

因此，最初对这两颗行星的设想是，在上面的"天气"层下面，一切都是相当均匀的，内部有一个球形、对称的"重力场"。然而，随着2016年7月朱诺号（*Juno*）探测器进入木星轨道，一个更为复杂的场景开始展现出来，对土星的结论也相应受到影响。[10]

木星的内部不是均匀的，至少看起来混合得相当不好。朱诺号搭载的重力科学装置绘制的重力图显示，木星北半球和南半球的重力场形状不同，与两个半球的带状区域的分布差异相对应。这种不对称性可能意味着，其较低的下层有着深层大气流动，其在北半球与南半球输送物质的过程中有着截然不同的速率。此外，在木星上，由大气喷流交替形成的带状区域，其深度比想象中要大得多，达到了云层顶部以下约3000千米。这一点出乎预料，因为之前认为，在这样的深度上，大气中明显旋转的部分应该会消散、混合或相互拖拽到匀速。在更大的深度上，交替喷流的影响似乎就消失了，木星的绝大部分（几乎99%的质量）会像一个整体一样进行旋转。产生条带状分离的交替运动是在上层大约3000千米的区域中发生的。[11]

土星表面风的模式不同于木星，所以还不清楚同样的考虑是否适用于土星。在环绕土星的轨道上运行的卡西尼号探测器，没有像朱诺号上那样配备精密的重力探测设备。当前，我们只能将结论推迟，等待未来航天器探测的结果。

朱诺号还对木星的内部核心"提出"了新的问题。理论模型预测了木星可能有一个小的岩质核心或者根本没有核，但是朱诺号发现的证据显示木星可能存在一个大的模糊的核，这个核可能部分被溶解，或者被深处的运动和纬向风暴所破坏。同样，我们依然还不清楚土星内核是否也与之相似。

土星的形成：见微知著

无论是内部深处，还是包裹着的大气，土星的结构都令人非常感兴趣。但是从整个太阳系的角度来看，前面所说的就只能算是细节了。从整体上看，土星的重要性在于它的质量，它是太阳系中仅次于太阳和木星的质量最大的天体。以地球质量计算，排名第一的当然是太阳（相当于332 946个地球质量），其次是木星（相当于318个地球质量），然后就是土星了（相当于95个地球质量）。

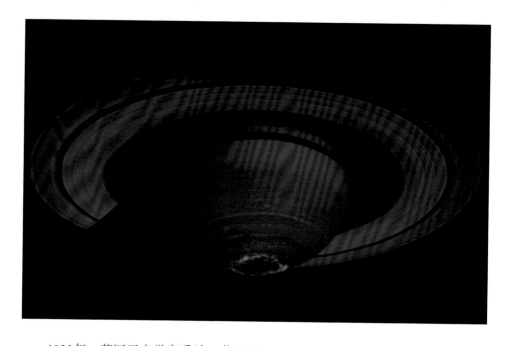

1833年，英国天文学家乔治·艾里（George Airy）写道："在行星轨道的各项要素之外，如果要解释和预测太阳系的现象，最重要的数值是木星的质量。"[12] 他可能会继续说，在木星质量之后，下一个最重要的数值是土星的质量。这两颗行星加在一起的质量比太阳系中所有其他天体（除了太阳）加在一起的质量还要大，它们从一开始就对太阳系的演化方式产生了决定性的影响。

这两颗行星相互产生了明显的扰动，导致运动不规律。早在1625年的时候，开普勒就意识到了这一点。他发现木星的平均轨道速度（假设其绕圆形轨道运动时的运动速度）太慢，而土星的速度则太快。换句话说，木星似乎在加速，而土星在减速。埃德蒙·哈雷（Edmond Halley）证实了这一结论，并试图根据它们之间的引力作用来进行解释。后来天文学家们发现，木星的加速在一定程度上会被土星的减速抵消，而且会导致一个尴尬的结果：随着演化的进行，太阳系

由光学和红外波段数据合成的伪彩色图像，显示了土星南极的极光（绿色）和土星内部的热辐射（红色）

最终会失去这两个最突出的成员，木星会被太阳吞没，而土星则会被驱赶出太阳系，进入宇宙的深处。

这个情况终于在1785年被拉普拉斯弄清楚了。他首先引用了一个众所周知的事实：土星绕太阳公转的周期为29.57年，木星为11.86年，二者的比例非常接近5∶2。也就是说，土星绕太阳运行5圈后，木星正好完成了2圈。这就像轨道上的土卫一与位于卡西尼环缝的粒子之间的运动情况一样，代表了一种接近轨道共振的情况。这个5∶2的比值意味着每20年，更准确地说是每19.86年，木星和土星相对于太阳会排成一条线（相合）。然而，与上一次相合相比，木星和土星接下来的每一次相合都会向西移动120°。因此，在连续3次相合之后，也就是每过60年，它们会回到太空中的同一个地方再次相合。（请记住，如本书第一章所述，正是由于开普勒在他的学生面前绘制了草图，向大家展示这种相互关系，他才获得了灵感，用柏拉图多面体来解释太阳系的结构。）

如果5∶2的轨道共振是精确的，那么木星和土星的相合现象，将会每60年在完全相同的地方重复出现，每次都会有同一方向的拉力。许多次循环之后，动量会转移，轨道会改变，就像土卫一和卡西尼环缝上的粒子之间发生的情况那样。然而，土星与木星的轨道共振不是确切的5∶2，而是更接近72∶29。这意味着尽管每次相合发生在与上次偏离120°的地方，但是每一组的3次相合后都比上一组移动了8.37°，这不是轨道共振，而是近似轨道共振。但近似轨道共振的关系不具有动态意义。在每个周期之后，天体的相对位置会发生变化，因此在天文学上这种较短的时间尺度内，它们的相对位置就像那些没有轨道共振的天体一样，是随机的。在木星和土星这个例子中，拉普拉斯指出，土星有明显的减速，木星有明显的加速，这一趋势在1560年的时候达到最大，然后它们开始向它们的平均轨道速度靠拢，并在1790年达到这一值。接下来，土星的运动加速，木星的运动又被阻滞了。也就是说，在之后的450年里，土星的轨道逐渐扩大，木星的轨道逐渐缩小；然后在接下来的450年里，情况反过来，土星的轨道缩小，木星的轨道扩大。这些影响实际上相互抵消了，所以在整个900年里没有净变化。这个结果令人长舒一口气——木星和土星仍然会留在太阳系中。

事实上，在他们那个年代，拉普拉斯和其他天文学家的主要工作之一，就是要证明太阳系的状态是稳定的。具体地说，由于引力扰动的存在，行星运行存在周期性变化，但变化被限制在很小的范围内，所以在这些限制条件下，从太阳系形成开始，木星和土星的轨道就被认为是基本保持不变的。

另一个假设是，如果其他遥远的恒星有属于自己的行星系统，那么它们应该和我们的太阳系十分相似：气态的巨行星远离中心的恒星，运行在类似木星的轨道上；而小一些的、岩质结构的行星距离恒星较近，就像我们的地球一样。

得出这样的假设是很自然的，因为在当时，太阳系是我们唯一知道的恒星－行星系统。统计学家警告说，这种情况可能会导致"由于不完整、不具代表性的数据而产生误解"。[13] 仅仅根据一个地球、一个太阳系的情况就作出判断，没有办法得知其是否具有代表性。这种情况被物理学家弗兰克·维尔切克（Frank Wilczek）称为"推测"之误，也就是说，"将非常片面的一个问题归结为具有普遍意义的现象"。[14]

自1995年发现第一颗系外行星（飞马座51b）以来，在过去的二十年里，我们所探索的宇宙空间变得越来越大。对于搜索地外行星系统，现在有两种方法：第一种是观测恒星光谱的多普勒效应；第二种是观测行星经过恒星表面时对其光度产生的遮挡效应。目前已经有数以千计的地外行星系统被发现，其中绝大多数是被2009年3月发射的开普勒望远镜找到的。[15]开普勒望远镜上唯一搭载的设备是一个光度计，它能在一个固定的视场中，持续监测大约15万颗恒星的亮度。当行星从它们的恒星前面经过时，恒星就会发生周期性的亮度变暗，并被望远镜探测到。截至2019年4月，已经发现了4000颗系外行星，许多行星系里含有不止一颗行星，就像我们的太阳系。[16]地球远不是独一无二的，它只是无数行星中的一颗。最保守的估计也认为，仅在银河系中，类地行星的数量就可能是地球上人类数量的很多倍。

在20世纪早期，关于行星形成的理论认为行星产生于恒星之间发生的罕见碰撞；与之相对比，现在发现其他恒星周围普遍存在着行星，这可以证明行星的形成是个普遍现象，至少从长期来看，现在对于行星的形成有了更多的共识。太阳系最初形成所需的物质，包括了原始的氢和氦（和少量的锂），它们形成于宇宙大爆炸初期，在数十亿年间历经了星系中的恒星演化过程，直到其中包含了各种丰富的混合元素，被我们称为"太阳"元素丰度。这些物质以气体和尘埃的形式存在于一个巨大的星际分子云中，就像在银河系明亮背景中出现的"暗星云"一样。大约46亿年前（太阳系形成之初），由于引力不稳定，或者因为超新星爆发引起的冲击波，其中一个分子云开始坍缩。（在这两种情况下，坍缩的时间尺度有所不同：引力坍缩大约需要1000万年；外界触发的坍缩速度更快，大约需要100万年。目前看来，超新星引发坍缩的可能性似乎更大一些。这也解释了为什么太阳系富含金属元素。）

当分子云中的物质开始向内坍缩时，它的引力势能被不断转化为热能，中心温度最终上升到足以引发其核心部位的热核反应，由此产生的热辐射压力能够抵抗进一步的引力坍缩。一颗新的恒星就此诞生了——这就是我们的太阳。从那时起，太阳就一直保持着相当稳定的平衡。与此同时，坍缩分子云自身的角动量也会促生一个旋转的星周盘，主要由气体和尘埃组成。

星周盘中的物质是行星形成的原始"材料"。随着盘的冷却，硅酸盐和铁等较重的元素会逐渐在盘的平面上凝聚，并相互碰撞、结合在一起，形成更大的物体（也就是星子）。有些星子物质与恒星相距甚远，那里有大量的水冰物质。在恒星温度升高到将残余气体驱散之前，它们能变得足够大，并吸聚大量的气体。这些吸聚气体的天体最终演化成气态行星，木星和土星就是这样。当然，这个过程必须进行得非常快，因为大多数恒星的诞生似乎只需要不到1000万年的时间。有时可能只需几百万年，盘中的气体就被驱散了。事实上，在一些年轻的行星系统中，人们直接观测到盘中的空隙消失了——这被解释为行星形成的证据。据估计，其中一个行星系统的年龄大约只有100万年。[17]

除了像木星和土星这样的气态巨行星之外，还有许多更靠近恒星的小岩石块，那里的水冰物质处于不稳定状态，小岩石块无法收集大量的气体，可能会演化成类地行星——仅有裸露的岩石核心，表面没有大量的气态物质——这与我们地球相似。小型的岩石行星靠近太阳，气态巨行星离太阳较远，我们的太阳系在逻辑上符合这一"安排"。

　　基于多普勒效应，距离恒星很近的巨行星很容易被找到，所以第一批行星被发现了。然而，这仅仅是抽样偏差的结果。对开普勒望远镜发现的数百颗系外行星的分析显示，只有大约5%的恒星拥有像木星和土星这样的气态巨行星。在我们的太阳系，木星和土星在非常趋近圆形的轨道上运行。相比之下，开普勒望远镜发现的多数系外巨行星的轨道偏心率很高。同时，它们与其恒星的距离甚至比水星与太阳的距离更近。这些被称为"热木星"的行星，在最先被发现的行星中占据了相当大的比例，因为它们更容易被多普勒效应的方法探测到。早在20世纪60年代，尽管系外行星搜寻者已经掌握了相关的探测技术，但这些热木星还是被忽视了。原因很简单，没有人料到质量堪比木星和土星的巨行星会距离它们的恒星如此之近。

　　奇怪的行星开始不断出现，这像是在经历《爱丽丝梦游仙境》。正如书中爱丽丝对王后所说的："试了也没用；不可能的事情，没人会相信。"尽管离恒星如此之近的地方不会有冰，但这些气态的"大个子"还是成长到如此巨大的规

金牛座HL的星周盘呈现出多个明亮的同心圆环，其间存在着多个独立的空隙。这是一颗年龄不超过100万年的恒星，在星周盘中，似乎有行星正在形成

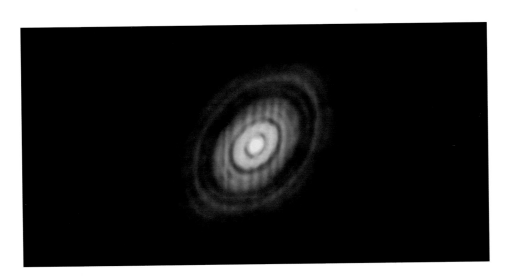

模，令人感觉莫名其妙。

然而，如果没有水冰的凝结，行星要成长到木星或者土星的规模是不太可能的。这给天文学家带来了一个难题。人们意识到，这些巨行星不可能在恒星附近形成，而是在更远的地方——也就是所谓"冰线"之外形成的。换句话说，巨行星不一定保持在它们形成时所处的位置，而是能够迁移。在热木星的例子中，它们已经朝着恒星向内移动了。

这种现象的产生再次涉及轨道共振。从系外行星系统的研究中，我们已经知道，类似太阳系中木星和土星这样的巨行星的形成是相当罕见的。但当它发生时，这样的巨行星与星周盘相互间发生引力作用，并开始向内侧迁移。计算机模型显示，它们能够最终迁移到离恒星很近的轨道，与现在地球与太阳的距离差不多。

然而，这一切在我们的太阳系并没有发生，情况有些不太一样。实际上，第一幕有些相似，但第二幕不同。木星作为第一颗形成的行星，确实在开始时与星周盘发生了相互的引力作用，并朝着早期的太阳向内迁移。当时，我们的太阳系看起来很可能发展成一个典型的热木星系统，那么我们也就不会存在了。但是，第二颗形成的行星，也就是土星，阻止了木星的迁移。土星也开始向内迁移，且因为自身质量较小，迁移的速度更快。随着两颗行星逐渐靠近，它们到达了轨道共振——当时是精确的2∶1，而不是今天近似的5∶2。它们之间的关系相当于土卫一和卡西尼环缝的微小颗粒，或是木卫一和木卫二，又或是土卫二和土卫四。就天体所处的轨道来说，这种轨道共振状态可以是稳定的（有时只是暂时稳定），也可以是不稳定的。对于卡西尼环缝中的粒子，正如我们所见，它们的状态是不稳定的。而在木星的卫星系统中，除了木卫一和木卫二之外，还存在第三个天体木卫三。
这三颗卫星都参与了三体共振（以发现者命名为拉普拉斯共
振），其轨道比为1∶2∶4。木卫一和木卫二的相互扰动原本
会造成不稳定状态，然而木卫三的扰动正好对其进行了补
偿，因此这个轨道共振是相当稳定的。事实上，自从1610年
这三颗卫星被伽利略发现以来，它们经过了数千个循环，仍
精确地维持着相互间的关系，没有丝毫偏差。不过，在土卫
二和土卫四的系统中，它们之间1∶2的轨道共振是暂时的，
最终这两颗卫星将演变成不同的轨道关系。

回到太阳系早期的土星和木星，一旦达到2∶1的轨道共
振，它们相互间的引力扰动，以及对星周盘剩余物质的引力
扰动就会大大增强。这将导致盘上形成一个空隙，并将盘
分成两部分。内侧部分由木星主导，外侧部分由土星主导。
木星有着更大的质量，它对内侧部分的拉力更大，而土星对
外侧部分的拉力相对小一些。因此木星能够向内迁移到当前
火星轨道的位置，在这个过程中不断驱散星子的残骸，并将
其抛入太阳系的内侧。这些行星的"种子"和水，还有其他
一些挥发性物质一起，逐渐演化成地内行星（也包括未来的
地球）。土星继续缓慢地迁移，穿过外侧的星周盘。木星和
土星迁移的结果是星子的数量大量减少，并交换了足够的角
动量，导致迁移方向发生逆转，即通常所谓的"大回转（模
型）"。此后木星和土星便稳定地向外移动。在外围，它们
开始与两颗新近形成的巨行星——天王星和海王星（可能还
有一颗或多颗从太阳系中抛射出来的气态巨行星）产生相互
的引力作用。这些巨行星迁移所产生的轨道共振"横扫"了
整个系统，导致行星轨道快速重新排列，产生了大量在偏心
轨道上运行的不规则天体，其中一些后来被木星和土星作为

卫星捕获。在41亿至38亿年前，这些天体还被抛入太阳系的内侧，导致了所谓的晚期重轰击。它们撞击了内侧行星的表面，包括地球在内的天体均未能幸免；月球上的雨海盆地、火星上的希腊平原等独特的地貌，都是因此而形成的。

木星是太阳系中仅次于太阳的主导天体，但土星的作用也至关重要。正是因为土星最终将木星拉回，才让太阳系走上了与其他大多数恒星-行星系统不同的演化方向。这一切对地球上的生命以及最终对我们自己，都产生了巨大的影响。根据加州理工学院的康斯坦丁·巴特金（Konstantin Batygin）和普林斯顿大学的格雷戈里·劳克林（Gregory Laughlin）的研究，在木星向内移动到最内侧的地方时，星

1910年12月18日，来自英国利兹的业余天文学家、太空艺术家先驱斯克里文·博尔顿使用25厘米口径的反射望远镜，绘制了这幅土星的图像，让人充满了回味的感觉。在乔治·钱伯斯1910年出版的《天文学》一书中，它被用作卷首插图

FIG. 1

PLATE I

THE PLANET SATURN.
December 18, 1910

(S. Bolton)

Frontispiece

子将会被耗尽，并被碾碎成众多大小不同的石块和沙粒。带内行星①（例如比地球大几倍的"超级地球"）在其他恒星周围被证明是普遍存在的；但在太阳系，任何原始的带内行星都会被木星推入死亡漩涡，最终在太阳内部终结。能够幸存下来的只有一圈稀疏狭窄的岩石碎片，而正是这些碎片逐渐形成了水星、金星、地球和火星。[18] 这就形成了一个独特的景观：在我们太阳系，靠近太阳的类地行星质量都相对较小，大气也较为稀薄。这种情况就算不是唯一的，也相当罕见。

星周盘的存在、巨行星的形成，以及随后由共振产生的星周盘间隙，这些现象都让我们想起土星和它的光环系统。不过，前者是更为大号的版本。这是一个非常深刻的类比。奥姆斯比·米切尔的格言中有一句真理："土星光环仍未完成，这其实是为了向我们展示，世界是如何形成的。"[19]

毋庸置疑，土星是我们天空中最美丽的天体。我们之所以能够存在，它功不可没。

---

① 轨道在小行星带以内的行星。

第四章
魅力光环

到了19世纪末，人们开始认识到土星光环的复杂性。正如麦克斯韦在数学上的计算结果以及基勒的观测结论所表明的那样，光环由数十亿颗小卫星组成，它们围绕土星在开普勒轨道上运行，并受到土星内侧卫星（尤其是土卫一）的干扰。柯克伍德的轨道共振理论曾经很好地解释了卡西尼环缝形成的问题，现在被扩展到解释其他环的间隙，例如恩克环缝。它看起来比一个单一的条纹复杂得多，而且显然是由靠近环中央的两个最小环缝组成。经过柯克伍德的研究，恩克环缝和土卫二有2∶5的轨道共振，和土卫一有3∶5的轨道共振。

美国天文学家珀西瓦尔·洛厄尔（Percival Lowell）把柯克伍德的理论扩展到小环的划分上，他最著名的成就是提出了火星上有智慧生命的理论，以及对海王星外的未知行星进行了数学计算。1915年，土星在远离天赤道以北的地方，光环便完全暴露在人们的视野之下。洛厄尔和助手厄尔·斯莱弗（Earl C. Slipher）在位于亚利桑那州弗拉格斯塔夫的天文台，用61厘米口径的克拉克折射望远镜对光环进行观测。他们发现了环的许多细微结构，特别是B环。用洛厄尔的话来说，"阴影中有着明显的条纹存在"，"其图案上的深色弯曲线条非常明显，已经可以精确地测量了"。[1]他发现，虽然大多数条纹处在与土卫一轨道共振的位置附近，但即便把土星的扁率考虑在内，它们也并不齐整。他得出结论，唯一可能的解释是土星的内部是不均匀的，整个土星包含多个壳层在各自旋转。用他的话说，内部的旋转就像是"洋葱在做分层的转动"。[2]他的解释在当时看起来说得过去，但现在经过探测器的观测，这种说法已经完全被排除了。

　　洛厄尔观测时的大气条件非常好，他还使用了一架功能强大的望远镜，他似乎热衷于辨认目标天体上精细的线性（或圆周）细节。（想想火星上的运河是怎么来的……）洛厄尔在光环探测上细节明晰的态度，同样被其他人效仿，比如法国天文学家贝尔纳·李奥（Bernard Lyot）。李奥在1943年用日中峰天文台的61厘米口径折射望远镜绘制了一幅美丽的图像，长期以来被视为标准。[3]

　　但对环的特征，各方还未达成一致意见，仍有相当大的

珀西瓦尔·洛厄尔在1915年绘制的土星草图，图中光环的裂缝由他和助手厄尔·斯莱弗测量得到

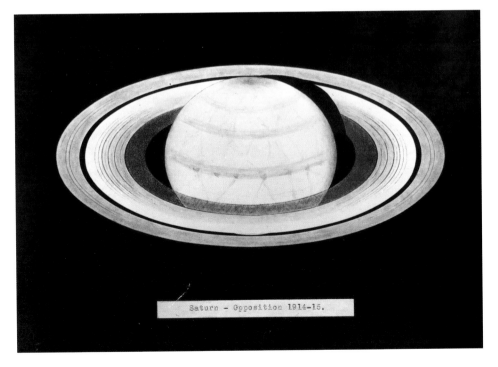

Saturn - Opposition 1914-15.

贝尔纳·李奥在1943年绘制的土星，展示了用61厘米口径折射望远镜观测到的光环裂缝

分歧。在某种程度上，观测者的个性和所使用的设备一样重要。在某些情况下，目标天体上的细节特征是可见的，但在其他时间和地点可能会被隐藏起来，难以观测到。1954年的一个"近乎完美的夜晚"，美籍荷兰裔著名天文学家杰拉德·柯伊伯在加利福尼亚州帕洛马使用了放大率达到1175倍的5.08米口径反射望远镜进行观测。他报告说，在土星光环系统中只发现了一个真正的裂缝——卡西尼环缝；而所谓的恩克环缝，只是A环的强度突变部分的波纹；B环上也有三个波纹。他赞同巴纳德提出的在B环和C环之间没有间隙的观点，而反对道斯的观点。[4]

尽管柯伊伯是权威专家，并且使用了当时世界上最大的望远镜开展研究，但仍然不能就这样认为问题已经得到解决。李奥的同事、法国天文学家奥杜安·多尔菲斯（Audouin Dollfus），在麦克唐纳天文台使用2.1米口径的反射望远镜观测，并报告说他在1957年看到的光环，与李奥所绘制的非常相似。他还注意到，正如洛厄尔指出的那样，缝隙似乎与预期的共振位置并不完全一致。但他没有据此认为是土星内部的问题，而是设想是否可能存在其他的解释，比如说，环的内侧还有未知的卫星。

现在，从太空探测器发回的照片中，我们已经得知这些光环就像留声机唱片一样带有"凹槽"。即便是李奥和多尔菲斯这样的观测者，也只抓住了光环真实结构的一小部分特征；而柯伊伯所得到的否定性的观测报告，在很大程度上是因为受到他所选择的观测时段的影响——那几天恰好土星位于冲的位置，地球在土星和太阳之间，光环的影子正好位于土星的背面，情况与满月时相似。由于"冲日现象"，在这段时间里，距离较近的环上粒子遮挡了它们投射在较远处的阴影，土星环会变得尤为明亮。[5]要想看到土星环上的小裂缝，最好是在冲日之前或之后的几个星期观测，那时土星球体在光环上的阴影会明显一些。正是在这种情况下，太阳天文学家、偶然的土星观测者利文斯顿（W. C. Livingston）在加利福尼亚州威尔逊山天文台用2.54米口径的反射望远镜，在近乎完美的观测条件下对土星完成了一次意外的观测。他所观测到的复杂细节，就连李奥的画也没能捕捉到。虽然他不记得具体日期了，但他在1975年回忆说，"这些光环很迷人，看起来就像是富有想象力的精美雕刻。每个主要的环都有明显的边界，内部细分为很多同心的环，就像是黑色的丝线一样"[6]。

与土星冲日时看到的景象相比，这个时段在相对远一些的位置不仅能够看到最精细的缝隙分布，而且土星本体在光环上投下的阴影也最为明显，整个画面有着很强的景深效果，因而显得格外漂亮。正如1842年，诗人阿尔弗雷德·丁尼生（Alfred Tennyson）在《艺术的宫殿》（*The Palace of*

Art）一诗中所写的那样："土星在旋转，那坚定的影子，沉睡在他闪亮的光环上。"

土星越靠近冲的位置，土星投射在光环上的阴影就越不明显；而在土星–地球连线和土星–太阳连线之间的夹角最大时（约为6°），阴影通常最明显。另一个影响阴影形状的因素是在土星光环平面和土星轨道平面间存在26.7°的夹角，所以在这两个角度之间的时候，影子或多或少会缩短，看起来比较狭窄，因此无法覆盖环的宽度。只有当光环完全暴露在人们的视野之下时，土星的影子才能正好覆盖上整个环的宽度。

值得注意的是，当在环绕土星的轨道上运行的光环内部粒子进入土星本体的阴影里时，它们就相当于处于日食的状态，也就是从阳光下突然进入黑暗的严寒环境。根据探测器的观测结果，土星光环的平均温度约为85 K（–188℃），但每个环的温度都有所不同。离土星越远，环的温度越低，因为它们从土星获得的热量较少。C环的温度为110 K（–163℃），而B环是70 K（–203℃）；但奇怪的是，A环却相反，温度仍有90 K（–183℃），比预期的要高。这可能是因为其在环边缘处卫星的引力作用下产生了弯曲波纹，使这部分光环暴露在更多的阳光下，从而使其温度高于环的整体平均温度。

光环中的粒子进入土星本体的阴影后，会被遮挡长达两个小时，这将导致温度降低3 K或者4 K。阴影效应还干扰了土星上层大气的电离，导致粒子电离减少以及由闪电引起的射电暴向外逸出。此时，沿阴影边缘的射电暴会激增。

2013年10月10日，卡西尼号从接近正上方的位置拍下了土星和光环。球体的影子覆盖了整个环的宽度

卡西尼号在2016年4月25日拍摄的照片，此时土星正向其北半球的夏至点运行，夏至时间是在2017年5月

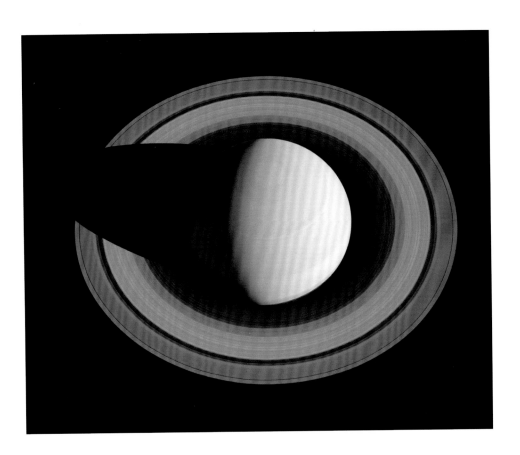

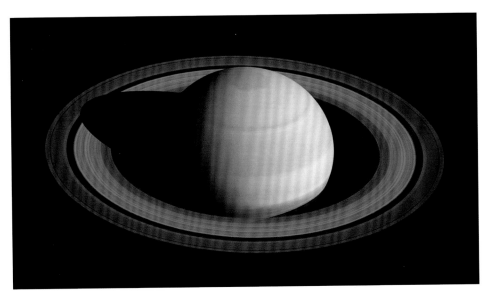

揭示光环结构：掩星现象

除了在有利的条件下使用大型望远镜直接进行目视观测之外，利用光环的掩星现象也有助于辨明它们的精细结构。威廉·赫歇尔在很久前就提出：如果能观测到一颗恒星从土星环后面经过，并观测其透过土星环间隙发出的光，就可以直接确定卡西尼环缝的真正性质。他的思路相当正确，不过奇怪的是，直到1917年2月9日，两位敏锐的英国业余天文学家，来自布莱克希思的莫里斯·安斯利（Maurice Ainslie）和来自拉伊的约翰·奈特（John Knight）才第一次实际观测到了这种现象，这被土星历史学家亚历山大称为"英国土星观测者取得的最伟大胜利之一"。[7]他们各自进行独立观测时，碰巧都捕捉到了土星光环对一颗7等星的掩食现象。这不仅证明了卡西尼环缝的物质稀少，还证明了A环的半透明性——恒星发出的光通过A环后仍在微弱地闪烁。事实上，仅仅使用一台23厘米口径的反射望远镜，安斯利甚至欣赏到了星光在通过A环外侧两个明显缝隙（恩克环缝和基勒环缝）时所展现出的增强效应。

1957年4月28日，约翰·韦斯特福尔（John E. Westfall）在加利福尼亚州奥克兰的沙博天文台，用51厘米口径的折射望远镜对一颗8等星的掩星现象进行了类似的观测。（韦斯特福尔七岁时，在百科全书上看到一张土星的照片，由此激发了他对天文学的兴趣。）虽然在观测掩星现象时他只有19岁，但他已经是一位经验丰富的观测者了。当时，他是唯一一个在恒星位于光环背面的3个半小时里，利用这一机会追踪其可见度的人：

在进入A环背后的大约10分钟内,这颗恒星保持可见状态,在完全可见和几乎不可见之间变化。然后,它在进入卡西尼环缝、亮度恢复到完全可见之前,有大约10分钟是完全不可见的。而后,它第一次进入B环,在约10分钟内一直隐约可见,随后彻底消失不见,其间除了有约1分钟微弱可见以外,它基本保持了不可见的状态。在这之后没有再观测到它,直到它再次进入卡西尼环缝重新出现,并在通过A环的过程中持续可见。当然,在此期间它同样是忽明忽暗,介于几乎看不见和完全可见之间。[8]

随后的掩星观测还包括了在射电波段的观测,在1980和1981年间由旅行者号进行的掩星观测,在1989年7月3日对5等星人马座28的掩星观测(当时人马座的这颗星不仅从土星球体背面经过,还从三个主要的光环,甚至土卫六的背面经过,这是第一个被观测到的土星卫星掩恒星现象),以及在环绕木星轨道上的卡西尼号进行的掩星观测。特别是通过航天器进行的掩星观测,已经从光学波段得到了有关光环厚度的详细径向剖面数据。随着时间的推移,光环结构上的细微变化将不断被识别出来。

幽灵般的光环

通过多年来的报告能够看出,除了三个主要的环(A环、B环和C环)之外,其他的环显得变幻不定。例如,1907年9月,也就是土星光环边缘正对着地球之后的一年,法国著名的行星观测者乔治·福涅尔(Georges Fournier)

这是一幅电脑生成的土星环模拟图像，通过不同波长（包括0.94厘米、3.6厘米和13厘米）的射电波测量数据得出。图中用不同的颜色来表示不同区域的颗粒大小

在位于萨伏依勒瓦尔峰上的雅里-德洛热天文台，使用28厘米口径折射望远镜报告了在A环之外的"发光区域"。又过了一年，日内瓦天文台的天文学家埃米尔·舍尔（Émile Schær）证实了这一外层暗环的存在，并称之为D环（后来又标记为D'）。与此同时，巴纳德也在用叶凯士天文台的1.02米口径折射望远镜对土星进行观测，但没有发现任何异常现象。

沃尔特·费贝尔曼（Walter A. Feibelman）在1966年的土星光环边缘展示期间，对其进行长时间曝光并拍下了照片。照片中也显示出A环有明显的向外延伸，尽管有一些微弱。当时他使用了阿勒格尼天文台76厘米口径的Thaw折射望远镜，原本是要寻找那些更暗的卫星。接下来，法国天文学家皮埃尔·介朗（Pierre Guérin）根据1969年拍摄的照片报告说，在C环内部还有一个明显的但很微弱的环，两个环间隔有一条狭窄的缝隙。令人迷惑的是，介朗发现的位于最内侧的环被称为了D环，而费贝尔曼所看到的最外侧的那个环（不确定该环与福涅尔和舍尔看到的环是否有关）被称为了E环。

事情因此显得有些混乱，一直到了航天器时代，问题才得到解决。先驱者11号在1979年飞掠土星的过程中发现了一个新的环——F环（见107页图中所注），也证实了费贝尔曼的E环的存在。地球上的观测则在1979—1980年的光环边缘展示期间开展。天文学家史蒂芬·拉森和威廉·鲍姆（William A. Baum）从土卫一的轨道向外，一直到8倍土星半径的地方（靠近土卫五的轨道），对整个环进行了全面的观测。他们发现亮度峰值出现在土卫二的轨道上，于是预见性地指出：构成光环的粒子可能来自土卫二。最后也证实了D环的存在。

1979年9月1日，先驱者11号探测器在接近土星时，从当时不发光的光环北侧看向土星

航天器时代

从惠更斯首次识别出土星光环以及卡西尼使用17世纪最先进的设备研究光环开始，到目前为止，人们对土星光环进行了持续三个世纪的观察和监测，并取得了重大进展。然而，对于土星环的确切观测，还有待于航天器时代的到来。

第一个到达土星的航天器是先驱者11号，它于1973年4月从卡纳维拉尔角发射升空，1974年12月到达木星，得到木星的引力助推后于1979年8月到达土星。尽管先驱者11号拍摄的图像并不比地球上最好的图像出色多少，但它证实了发射航天器前往土星是可行的——几年前这种情节还只能出现在科幻小说里。先驱者11号也拍摄到一些只有在特殊情况下才能从地球上看到的景象，还有特别是从地球以外的地方看到的土星光环暗面的景象。

即便是通过先驱者11号的数据，地球上的观测人员仍然没有发现D环或E环的踪迹（有待后续航天器进一步观测）。但从传回的光环暗面的图像可以看到，在A环外侧4000千米处，确实有一个狭窄的环存在，其宽度不超过800千米，是以前从未见到过的。这就是F环，它被证明与当时任何已知的环都大不相同，它更为狭窄、偏心率更高、环面与赤道面夹角更大。与之最接近的环，是两年前从地球观测天王星的恒星掩星现象时发现的环绕天王星的一组窄环。

先驱者11号发回的图片中，除了F环之外，还有一颗直径约200千米的卫星，绰号"先驱岩"。这颗卫星很可能是土卫十，即1966年多尔菲斯在日中峰天文台发现的第十颗土星卫星，但其轨道周期和位置仍然有些不确定。另一种可能性，光环专家们认为，这颗卫星可能是位于土卫一和A环之

先驱者11号发回的图片中显示了F环和被称为"先驱岩"的卫星

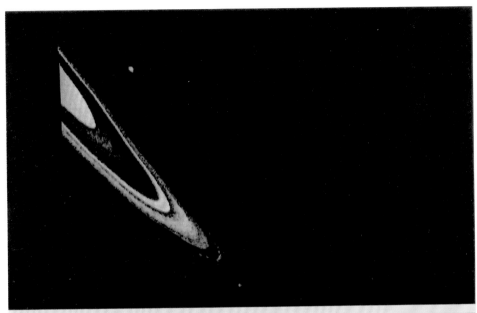

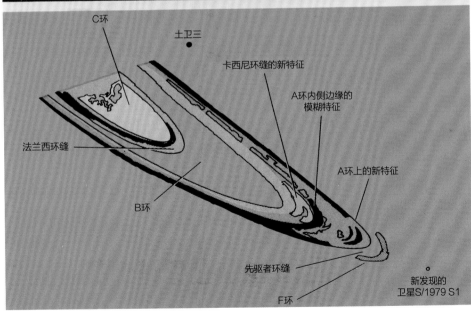

间众多小天体中最大的一个。科学家们还需要进行更多的观测，才能作进一步的判断。

先驱者11号抵达土星的时候，两艘构造更复杂的旅行者号航天器已经在路途中。它们要在外太阳系进行一次史诗般的伟大旅行，在一连串的引力助推作用下，像被弹弓弹射一样从一颗行星飞到下一颗行星。两艘旅行者号都要探索木星和土星，其中旅行者2号将从土星出发再前往天王星和海王星。引力助推的原理是将航天器发射到一个轨道上，使其刚好不会撞上行星，但是能在行星的引力加速作用下被甩出去，然后以更高的速度前往下一个行星。航天器速度的提升并不是凭空获得的，而是通过从巨大行星的轨道运动中"窃

两艘旅行者号探测器在前往外太阳系的"大旅行"中，在一系列的引力助推下不断从一颗巨大的行星飞往下一颗行星

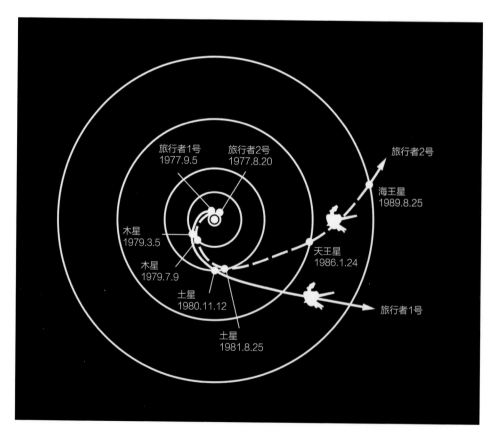

旅行者1号
1977.9.5

旅行者2号
1977.8.20

旅行者2号

海王星
1989.8.25

木星
1979.3.5

天王星
1986.1.24

木星
1979.7.9

土星
1980.11.12

旅行者1号

土星
1981.8.25

1989年8月旅行者2号与海王星相遇时，布拉德福德·史密斯（左）和卡洛琳·波尔科的合影。照片拍摄于美国喷气推进实验室

取"一小部分引力能换取的，这大大减少了航天器的燃料需求，缩短了旅行时间。这在1974年水手10号（*Mariner 10*）飞越水星时已经得到了证明，当时金星为探测器提供了引力助推。对于旅行者号来说，其获得的引力助推不仅利用了1980—1981年木星和土星的"大合"，而且更偶然的是，当时天王星和海王星也正好处在探测器前进的同一方向上。据推测，下一次类似的组合要在170年后才能出现。（彼时冥王星也处于有利位置，但当时有一个更重要的任务——近距离观察土卫六，因此要将旅行者1号送到远离黄道面向南的方向，这样离冥王星就会很远。）

　　旅行者1号于1977年9月5日从卡纳维拉尔角发射升空，1979年3月与木星相遇，并在木星的引力助推下继续前进，在1980年11月经过土星后，再一次被甩了出去。旅行者2号在1977年8月20日发射，虽然比旅行者1号早了16天出发，但它在1979年7月才飞越木星，在1981年8月才飞越土星。随后，它又在1986年1月飞越了天王星，在1989年8月飞越了海王星。这两艘航天器表现得都很英勇，在与土星相遇时，向人们展示了土星球体、光环以及土星卫星前所未见的细节。

正如第三章所总结的那样，人们对土星的大气层和内部情况已经有了很多认识，但最引人注目的发现还是与它的光环和卫星有关，这在很大程度上要归功于旅行者号成像小组组长布拉德福德·史密斯（Bradford A. Smith）。他的同事卡洛琳·波尔科（卡西尼号成像小组负责人）是这么描述他的：

> 他是少数几个有先见之明的人，他意识到这些外行星的卫星和光环跟行星本身一样充满了吸引力，就需要更高分辨率的成像能力来了解、弄清这些问题。这些现实情况让他坚持对旅行者号的相机光学系统进行调整；除了NASA事先挑选的成像小组成员外，他还挑选了很多地质学和行星环方面的专家，以及一些基于地面观测进行天体研究的科学家，他们研究的天体都是"旅行者号"将要拜访的目标天体。我们中的许多人参与了旅行者号任务，后来被选为卡西尼号任务小组的成员，大家都是由布拉德（指布拉德福德·史密斯）选入旅行者号团队的。[9]

甚至在旅行者号到达土星之前，有关土星光环的结构理论研究就已经超越了丹尼尔·柯克伍德的开创性工作。1975年，斯科特·特里梅因（Scott Tremaine）在普林斯顿大学完成了他的博士论文，方向是研究星系的结构。之后他来到加州理工学院，在彼得·戈德赖希（Peter Goldreich）指导下做博士后研究。特里梅因想做一些与星系完全不同的研究，他问戈德赖希有没有什么建议，戈德赖希建议他研究行星的光环。

螺旋密度波的示意图，图中
显示了物质聚集的效果

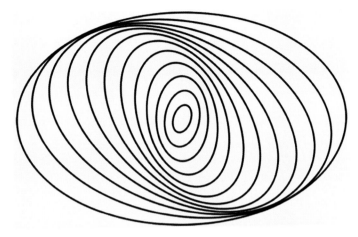

位于卡西尼环缝处的密度波

特里梅因开始仔细观察卡西尼环缝，试图更好地理解这个缝隙。柯克伍德的共振理论已经对卡西尼环缝提出了定性的解释，然而物理学家通常不满足于此，他们喜欢更精确地将其计算出来。当时，通过简化假设条件而得到的计算机模型取得了一定的成功，但自始至终，预测的共振位置的间隙都比实际观察到的要窄得多。因此，如何将现有理论预测中只有30千米宽的卡西尼环缝扩大到实际观测中大约4800千米的宽度，这将是一个不小的挑战。[10]

特里梅因和戈德赖希提出了一种解释，他们认为土星环的结构可能与旋涡星系类似。在星系中，旋臂通常由气体、尘埃和恒星组成，在一个星系的生命周期中，这些物质可能会旋转100圈左右。所有这些旋转可能会导致螺旋整体向中心收紧，但是在一次旋转中这种现象不甚明显，一两次的旋转只能是有累积的效应而已。换句话说，星系表现得更像一个刚性的风车。这一现象的理论解释，是由麻省理工学院的林家翘和加州大学伯克利分校的徐遐生在1964年提出的。他们认为，旋臂实际上只是密度更大的物质波——螺旋密度波，它的传播是通过自身对其他粒子的引力进行的，而不是通过粒子间相互碰撞进行的。[11]这些螺旋密度波也称为准静态密度波，或理解为"固态声波"，像船舶下方的海浪一样，传遍整个星系。同样地，在卡西尼环缝这个问题上，特里梅因和戈德赖希意识到，土卫一正在产生完全相同的密度波，因而造成了这样的影响。

在与土卫一处于2:1共振的位置，环中粒子的运行路径被拉伸成了双叶椭圆。当粒子进入椭圆瓣中时，会形成暂时的密度较高的区域，对附近的粒子产生引力扰动，导致向外产生螺旋密度波。通过这种方式，角动量会从土卫一转移到共振的环内粒子上，并将其向外推。在这个理论的基础上，特里梅因和戈德赖希进行了定量计算，至少粗略地解释了卡西尼环缝的大小和其他性质。[12]

一切似乎都已尘埃落定，就连在太阳系所有行星中只有土星有光环这一事实，似乎也有了解释。土卫一是太阳系中唯一在洛希极限内具有强烈共振的重要卫星。其他行星，包括木星、天王星和海王星，都没有类似的情况，而且当时我们也不知道它们有光环。[13]

在科学上，结论通常都只是暂时性的，很快就会被推翻。1977年3月，天文学家在一次恒星掩星现象中，发现了围绕天王星的一组窄环，宽度只有几千米。[14]

土星的光环系统无比辉煌，但现在至少有了一个对手。在随后的观测中，也发现了围绕木星和海王星的光环，这表

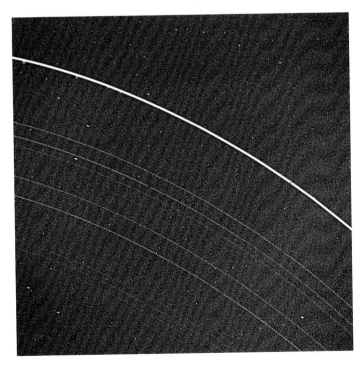

1986年1月22日，旅行者2号飞越天王星时拍下的光环照片，图中顶部最亮的那圈被称为 ε（epsilon，希腊字母表中排第五）。从 ε 环向内，接下来的环依次被称为 δ、γ、η、β 和 α，都是以希腊字母命名的。左下方的三个环正好在旅行者号相机的拍摄范围内，它们分别是4、5和6环

明行星光环并不罕见。事实上目前已知至少有一颗小行星有自己的光环——这颗小行星名为10 199 Chariklo，绕太阳运行的轨道位于土星和天王星之间——而且毫无疑问，肯定还有其他类似的小行星存在。在刚开始研究时，特里梅因和戈德赖希试图解释为什么卡西尼环缝如此宽阔；现在，他们还面临着进一步的挑战，解释为什么天王星的光环狭窄且边缘清晰。事实上，光环的真正问题是如何阻止物质扩散，这对天王星那纤细的光环来说尤为重要。如果不考虑其他影响的话，数十亿的环内粒子应该会相互碰撞，分散成一个宽而均匀的薄片。那么，天王星环和土星环的清晰的边缘（比如土星A环的外边缘）又是如何形成的呢？

特里梅因和戈德赖希发表了他们的理论来解释这一现象，当时先驱者11号正在接近土星。他们意识到，之前用来解释土卫一共振如何产生卡西尼环缝的角动量传递机制，也同样适用于更接近光环的卫星。为了将粒子限制在狭窄的环内，而不是简单地将其推到环外，这里就需要两颗小卫星——一颗位于环外侧，另一颗位于环内侧。一方面，位于外侧的小卫星将以比环上粒子稍慢的速度运行，在环上粒子因相互撞击向外运动时，外侧小卫星就会对其施加相应的作用力，使这些粒子减速并回落到更低一级的轨道。另一方面，内侧小卫星的运动速度比环上粒子快，对因为碰撞而向内运动的粒子产生轻微加速的作用，迫使它们回到更高一级的轨道。简而言之，内外两侧的这两颗卫星将有效地"击退"那些任性的粒子，在引力的控制下让它们回到原来的轨道，这一过程被称形象地称为"牧羊"。正如特里梅因所描述的："卫星就像围着一群羊转的牧羊犬，用自身的引力来'汪汪叫'，以保持这群粒子的整齐。"[15]

老唱片上的凹槽

旅行者1号将会证实这一理论，为研究光环复杂结构提供更好的照片。

1980年仲夏，旅行者1号已经距离地球1亿千米，它发回的图像比以往从地球上获得的都要好。到了10月，也就是到达距离土星最近点的前一个月，土星光环的秘密被揭示出来，其复杂程度远超之前的想象。虽然有意料之中的部分，比如在共振位置发现了更多的缝隙，但实际情况远远超出了预期，让人不禁想起19世纪查尔斯·塔特尔的报告"环内的一系列波状涟漪"。可以明显看到，卡西尼环缝中至少有一个细环，主环被分解成一系列同心环。很快，这个结构就被比作老唱片上的凹槽，但如何解释所有这些引人注目的结构呢？

这些无数的细环可能是因未发现的小卫星轨道共振而形成的，这些卫星尽管质量较小，但由于作用距离较短，仍然会产生不成比例的影响——这套理论或许可以解释大部分的结构，但还远远不够。

神秘的"辐条"

随着旅行者号越来越接近土星，土星光环似乎显示出越来越多的神秘色彩。旅行者号拍摄的图像显示了一系列模糊的径向标记，像手指一样横跨在B环上；它们看着更像是车轮的刚性辐条，而不是像预期的那样，遵循着开普勒剪切的独立粒子。它们本不应该存在，但是却出现在那里。

之前它们没有被预料到，这与一个基本事实有关，那就

土星光环的精细结构

组成光环的粒子从阳光中旋
转到土星的寒冷阴影中

在这张卡西尼号拍摄的照片中，光环悬浮在球体的上方，像是一层透明的面纱；透过光环，阴影投射在土星上层的云顶之上。在卡西尼号的视角中，环和阴影交织在一起

是环内粒子绕土星旋转一周的周期是不一致的。这一点在19世纪末已经由麦克斯韦预言过，并得到了基勒的论证。B环内缘上的粒子在开普勒轨道上运行的周期为7.9小时，而外缘上粒子的周期是11.4小时。这意味着，即使形成了辐射状的特征（旅行者号的照片显示这种特征的长度可达10 000千米），那它也应该立即被开普勒剪切所破坏。当人们意识到这些辐状条纹出现在环的径向上时，也就抓住了一条揭开秘密的重要线索，即这些粒子的运动周期接近"核同步"。换

句话说，这些粒子与土星同向旋转，确切地说是与土星磁场旋转同步。值得注意的是，它们最容易出现在一个特定的磁经度上，这个经度大致与土星的日出明暗界线一致。对此，一个似乎合理的解释是：光环中的微粒获得静电电荷，在土星磁场的作用下，悬浮在土星环平面外，当它们被磁场线扫过时，就形成了辐状条纹。土星环的辐状条纹是旅行者号最令人吃惊的发现之一——然而更令人惊讶的是，它或许早已被预料到了。

19世纪，哈佛大学出现了多位大名鼎鼎的土星观测者，包括威廉·克兰奇·邦德、乔治·邦德、查尔斯·塔特尔和西德尼·柯立芝。20世纪70年代中期，一位名叫斯蒂芬·奥米拉（Stephen O'Meara）的业余天文爱好者受到他们的启发，在哈佛大学天文学家兼光环专家弗雷德·富兰克林（Fred Franklin）的鼓励之下，利用哈佛大学23厘米口径的折射望远镜，开始对土星进行更为周密的研究。

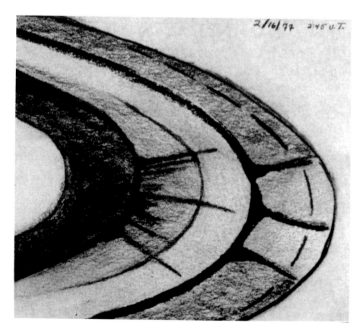

斯蒂芬·奥米拉在1977年绘制的B环和A环上的径向结构，他当时称其为"尖刺"

奥米拉之所以使用这台设备，而没有使用19世纪的观测家们通常使用的著名的38厘米口径梅茨和马勒折射望远镜，是因为当时后者的旋转圆顶出现了问题无法使用。他回忆道：

> 1976年4月18日，我开始了一个项目，以图像形式记录土星A环的方位亮度变化（每0.1等为一档），并与光度测量结果进行比较。一个月后，项目成功结束时，土星正朝着与太阳相合的方向前进，我依然用望远镜盯着土星环，想知道土星的B环在方位角上是否也存在0.1等的亮度差异。随着时间的推移，我发现了一种不同类型的现象——径向暗带，我称之为"尖刺"。当我把这一发现告诉弗雷德·富兰克林时，他对此给予了支持，但同时表示出困惑。他向我解释，根据理论，在开普勒轨道上运动的粒子存在着旋转周期的差异，而这些差异会迅速破坏任何辐射状特征。尽管如此，我还是确定了它们的存在，开始对它们进行长期系统性研究（在航天器时代到来之前），直到1980年结束，当时土星和附近看起来侧立着的光环一起，正好与太阳相合——就在旅行者1号到达土星并拍下土星辐状条纹的影像之前。我的观测显示出，这些辐状条纹不仅有着昼夜差异（在早晨的环面中显示得最强烈，而在晚上环面中则表现得非常零星和微弱），而且它们的外观和数量也在每天发生着变化，并与土星的自转同步。从地球上看，这些辐状条纹的效果也会受到环倾斜和光照影响。[16]

当这些辐状条纹第一次出现在喷气推进实验室新闻发布

1981年8月4日，旅行者2号拍摄的土星，图中显示了B环上的辐状条纹（在球体左侧的光环中）

室的屏幕上时，奥米拉的同事凯利·比蒂（J. Kelly Beatty）正在为《天空与望远镜》（*Sky & Telescope*）杂志报道"土星之旅"的情况，他暗示旅行者号可能已经被一个业余爱好者抢先了一步。奥米拉事先给比蒂看过他绘制的"辐条"图，特意向他指出了B环上的径向特征。记者马克·沃什伯恩（Mark Washburn）在他的《远行相遇》（*Distant Encounters*）一书中回忆道："消息传得很快，一个小时后，布拉德就出现在新闻发布室，并向比蒂问道，'我听说有人之前就看到过辐状条纹了，这是怎么回事？'" [17]

史密斯对此仍持怀疑态度。不过，一旦人们开始关注，这些辐状条纹就会定期被记录下来，也有来自业余爱好者的记录。[18] 目视观测者克莱德·汤博（Clyde Tombaugh）自制了一台41厘米口径的反射望远镜，他在位于拉斯克鲁塞斯的后院里有时也能看到辐状条纹。[19] 1996年，位于夏威夷莫纳克亚山顶的加拿大-法国-夏威夷望远镜（CFHT，3.6米）在地球上拍摄了第一张有关辐状条纹的CCD图像。此后许多CCD业余爱好者也陆续拍了一些图像，佛罗里达州科勒尔盖布尔斯的CCD成像专家唐纳德·帕克（Donald C. Parker）经常能拍下它们的影像。1995年环面穿越前到1998年10月期间，哈勃空间望远镜定期记录了这些现象。

1998年10月以后，有好几年没有观测到这些辐状条纹。据推测，它们仍然存在，可能是由于环的倾斜度增加而变得不易被看到了，只有当观测者更靠近环的平面时，它们才有可能被看到。2004年，卡西尼号进入土星轨道时，我们完全有信心能再次看到它们，但是情况再一次有了变化。（这里先不透露结局，留到后面再说。）

深受卫星折磨的光环

现在，我们可以回顾一下前面提到的特里梅因和戈德赖希的"牧羊犬卫星"理论了。

就在旅行者1号接近土星的几天前，在它发回的图像中首次出现了两颗形状不规则的卫星——土卫十六和土卫十七。土卫十六稍大一些，直径有102千米，土卫十七的直径仅有84千米。正如特里梅因和戈德赖希理论所预测的那样，这两颗卫星就在F环（那条细环）的内侧和外侧运行，它们就是"牧羊犬",使F环的粒子聚集为一个紧密的"羊群"。与此同时还发现了另一颗小卫星——土卫十五,它在A环外1000千米的轨道上运行,它也被认为是一个"牧羊犬"。在这里,它能够将粒子聚集在环的靠外位置,并使A环产生了迄今仍无法解释的清晰边缘。

11月12日,旅行者1号来到最接近土星的位置,在距离土星云顶仅1 240 000千米处飞掠土星。在此过程中,它获得了F环的新图像,令人瞩目。旅行者1号已经证实了先驱者11号的一个成果,它在环中找到了两个明亮的团块,每个约1000千米长,以与环粒子相同的速度运行。但最新的发现令人相当困惑,就像史密斯在新闻发布会上宣布的那样,"在这个土星环的奇怪世界里,奇异变得司空见惯,这就是今天早上我们在F环上看到的"。[20]看起来,光环像是分成了几股,其中最亮的两股缠绕在一起,编成了"辫子"。

到了第二天,情况又有了新变化:弥散的环出现在"辫子"的外缘,而不是在其内部。史密斯对此评论到,这些缠绕和"辫子"似乎违反了天体力学定律,并非常谨慎地提出,可能是引力以外的某种力产生的效果,例如能够使粒子漂浮并形成辐状条纹的静电力。在这以后,戈德赖希、特里梅因和斯坦利·德莫特(Stanley F. Dermott)也参与其中。不过他们认为,仅考虑轨道之间引力的相互作用,就可以解释这种奇怪的结构。在先前对于天王星光环的研究中,德莫特已经证明:内侧轨道上的卫星如果追赶上外侧轨道上的卫星,它们不会发生撞击,而是相互交换轨道能量,外侧卫星变轨至内侧,内侧卫星相应变轨至外侧,就像火车变轨一样。土卫十六和土卫十七是第一个例子,证实了这种现象的存在——追逐者和被追者每四年互换一次位置。从其中一颗

从卡西尼号发回的图像可以看出，F环位于土卫十六（内轨道）和土卫十七（外轨道）之间。按照现有的光环形成理论，小卫星大多会在光环外缘附近形成，并且容易发生碰撞；最终，致密的核被留下，形成像土卫十六和土卫十七这样的卫星，更细小的碎片作为形成环的物质补充进环中

卫星的角度上看，另一颗卫星每四年会沿着马蹄形环路转一圈，两者只有在起点（同时也是终点）的时候，才会有近距离的接触。

如果仅仅是用来限制F环粒子的话，这两颗共轨卫星就显得有些大了，它们应该还产生了物质波。此外，由于共轨卫星的引力作用，F环内粒子间会发生碰撞，碰撞后，质量较大、类似岩石大小的粒子与较小的粒子相比，能量消散的时间更长。因此我们推测，这种引力产生的碰撞效应，会将粒子按大小分离到不同的环中——这些独立的环已被观测到。在某种程度上，可以说这些效应会产生类似F环中的结构，不过戈德赖希自己也承认，缠绕的"辫子"确实把他难住了。事实上，F环的动力学问题比当时想象的复杂得多，直到随后的卡西尼号获得了新的数据才得以解决。

旅行者号以前所未有的细节，揭示了其他的一些结构，理论学家成功地对其进行了解释。例如，B环的外缘被发现与土卫一存在2∶1的轨道共振。具体而言，B环的外缘既不是圆形也不是椭圆形，而是一个直接指向土卫一的双叶椭圆，似乎与土卫一一起绕着土星旋转。每个粒子的路径都是一个开普勒椭圆，但是由于土卫一的影响，在任何时刻，任何粒子都在这个双叶椭圆的轨道中占据一席之地。土卫一的共振会产生螺旋密度波——A环中向外传播的一系列粒子密度波动。所有这一切都符合特里梅因-戈德赖希理论。然而，土卫一运行在一个偏心的、倾斜的轨道上（轨道倾角为1.5°），与仅在环面上沿圆形轨道运行相比，这种情况要复杂一些。土卫一不仅绕着土星运行，而且相对于环平面还在内外进出、上下穿梭。此外，土星是扁球体，而不是一个质点。因此，虽然土卫一每0.942 42天环绕土星一圈，但它进出（或上下）环面的周期略长，为0.944 90天。由于这一差异，土卫一最接近土星的点（也即它对土星环粒子施加最大引力的点）也在不断改变位置，或者绕土星进动。

土卫一相对于环面的上下运动，会导致垂直于环面的粒子密度波动，称为螺旋弯曲波。这些波向内传播，会形成一列"波浪"，高度落差可达1千米。在太阳穿越环面（昼夜平分点）的几天里，光线正好以非常低的入射角照射到环粒子上，从而会产生一个比例夸张的环的三维视图。这种情况

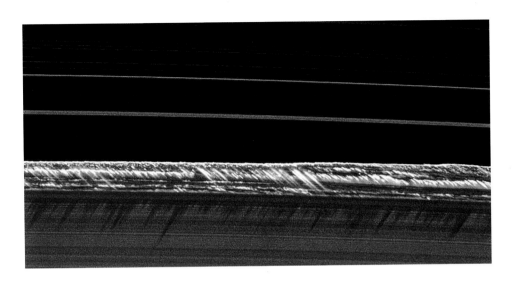

2010年11月，卡西尼号拍下了这张引人注目的照片。垂直于环面的结构，高度落差达3.5千米，其阴影投射在B环外缘处

与在明暗界线附近观测月球撞击坑和山脉的情况类似，一切都被夸大了。以土星为例，由于土星光环离得太远了，所以相对就很薄，很难直接从侧面看到；正是由于弯曲波在垂直方向产生了高度落差较大的波动，使得地面的观测者能够在穿越环面期间看到土星光环。

旅行者号还进一步证实，卡西尼环缝并非一片虚空，它同样包含着数量惊人、错综复杂的细节。在远视图像中，卡西尼环缝已经被分解成4条明亮的带；而特写图像显示了其中至少有20个细环和间隙。这些细环状结构有的有着清晰的边缘，有的是不透明的，还有的呈现出半透明的情况。有8个足够明确可以被命名的缝隙，其中最引人注目的是惠更斯环缝，它的直径达到了417千米。惠更斯环缝与土卫一的轨道处在2∶1的共振位置，它正好将卡西尼环缝与B环的清晰边缘分隔开来。

显然，光环中存在的大量细节，仅靠共振理论是难以解释的，原因很简单，因为根本就没有足够的共振现象！一方面，B环中有数百条带状结构，其中大部分结构仍然无法解

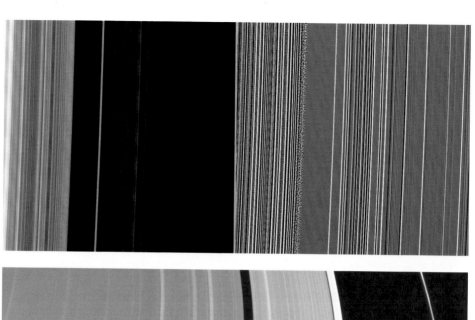

卡西尼环缝内部复杂结构的
细节

释；但在另一方面，共振理论却可以很好地解释A环和C环
的结构。

也就是说，A环的外缘与共轨卫星土卫十和土卫十一，
符合7∶6的轨道共振。在一阶近似[①]的条件下，根据理论预
测，它的轨道应该呈现出七叶状；然而，由于卫星每四年
变轨一次，它们产生的密度波也会受此影响。与A环相比，
土卫十七5∶4和土卫十六6∶5的轨道共振，在A环的内部也
产生了显著的现象。A环的外缘是由土卫十六、土卫十七和
土卫十五产生的螺旋密度波所主导的，因为它们距离A环太
近，它们必须完成多次的轨道运行才能与位于A环外缘的
特定粒子重新对齐。这就产生了一些相当奇特的结构：例
如，在与土卫十六符合36∶35轨道共振的位置，产生了一系
列紧密缠绕的螺旋线，并延伸出36条旋臂，每条旋臂间隔数
千米。

恩克环缝是一个典型的例证：嵌入恩克环缝的卫星，对
环缝进行了完美的"整理"和"引导"。早在1985年，就有
人开始怀疑恩克环缝内存在卫星。当时同在NASA埃姆斯研
究中心工作的杰弗里·库齐（Jeffrey Cuzzi）和杰弗里·斯
卡尔（Jeffrey Scargle），在旅行者号拍摄的图像中注意到了
恩克环缝的波状边缘。一年后，通过对这一结构的仔细分
析，马克·肖沃尔特（Mark Showalter）和他的同事们计算
出了疑似卫星的轨道。1991年，在旅行者号的存档图像里找
到了这颗卫星。它就是土卫十八。基勒环缝位于A环外边缘
附近，具有极为复杂的内缘，由于与土卫十六存在32∶31的

深受折磨的F环，被小卫星
土卫十六所缠绕；它的共轨
卫星土卫十七位于右下角，
看起来像个小圆点

①　这里的一阶近似也就是所谓"线性近似"，是忽略其他高阶变量、简
化整个方程的一种处理方式。——译者注

轨道共振，可能部分呈现着32叶[①]的复杂结构；但是，它更靠外的圈层又显示出了羽状的丝缕结构，这是另一颗内嵌的卫星——土卫三十五作用形成的。2005年，在卡西尼号拍摄的图像中，首次发现了这颗卫星。

在旅行者号拍摄的图像中，C环的结构与卡西尼环缝类似，由一系列狭窄、明亮的带和狭窄的缝隙组成。缝隙是由轨道共振作用产生的，包括与土卫一的3∶1共振。C环中有一个引人注目的"环"——科隆博环缝，它非常狭窄、不透明、边缘清晰。实际上，它是一种弯曲波，其中的粒子以与土卫六轨道周期相同的速度进动。

图中的土卫十八，直径只有28千米。当A环内的粒子有偏离的倾向时，这颗卫星通过引力作用将它们推回环内，并维持着恩克环缝的形状。人们认为在行星的形成过程中也有类似的过程在起作用，正在形成的原始行星会在星周盘上清理出间隙

---

① 指轨道有着32缕的结构。——译者注

2005年5月，卡西尼号成像小组发现了最大直径仅8千米的小卫星——土卫三十五，它在A环外缘的基勒环缝内运行，经过之处会产生类似波状涟漪的引力扰动。土卫三十五的轨道倾角很小，但并不等于零，因此"波状涟漪"在垂直方向上仍有起伏，会在土星接近二分点时投下阴影

D环的内部非常稀薄，据推测是由在角动量传递过程中流失到环中的粒子组成的。旅行者号也已证实，在土卫一及其共轨卫星土卫十、土卫十一之间，存在着弥散的G环以及弥散的E环。E环最浓密的部分位于土卫二的轨道上，由直径仅1微米左右的烟雾状粒子组成。这些粒子太小以至于无法散射红光，所以E环呈现出蓝色。

旅行者号从土星的后面观测光环时发现，C环和卡西尼环缝、辐状条纹，以及E环、F环和G环在向前的散射光中明显变亮。它们明亮的轮廓表明，至少对于较小的粒子来说，它们的颗粒大小有着很大的差异。早些时候，这些小粒子就已被认为是脏的水冰颗粒。不过，旅行者号并没有弄清楚是什么把它们弄脏的，也未能最终解决光环的起源和年龄问题。（纯净的环显然相对年轻一些，而污浊的环则更古老。）共振使卫星获得角动量并向外运动，使环粒子失去角动量并向内坍缩。在旅行者号进入深空之后，杰弗里·库齐深入思考了这一事实的含义：

杰弗里·库齐，NASA埃姆斯研究中心的光环研究专家

　　理论预测，大量的角动量必然从A环中的螺旋密度波流向相应的环卫星。事实上，这个转移的速度很大，足以在不到1亿年内将A环完全摧毁，同时将环中的卫星向外推出数千千米。但实际上，与现有理论所推导的结论相比，我们看到的环中的物质波要强大得多，而卫星占据的轨道非常靠近光环。因此很有可能，土星系统是在最近的地质时期达到了现在的状态。所以，不难理解为什么行星学家会对此持怀疑态度。[21]

　　卡西尼号探测器正是为了解决这些棘手问题而设计的。

第五章
史诗般的任务：卡西尼号

　　两艘旅行者号探测器在1980年和1981年实施了令人瞩目的探测任务，但它们只是作为游客途经土星，对这颗巨行星进行了短暂的访问。下一步，对土星、光环和卫星的深入探索，则需要将航天器送入环绕土星的轨道。

　　"卡西尼-惠更斯号"是美国国家航空航天局（NASA）、欧洲航天局（ESA）和意大利航天局（ASI）共同参与的一项复杂的合作项目；它是一项雄心勃勃（而且昂贵）的旗舰级探测任务，就像旅行者号以及探测木星的伽利略号（*Galileo*）和探测火星的海盗号（*Viking*）一样。这次任务的航天器包括两个主要部分：NASA的卡西尼号探测器，这是一个装备齐全的"天文台"，它将进入环绕土星的轨道；还有ESA的惠更斯号（*Huygens*）着陆器，它将尝试在土卫六表面着陆。这项任务的总费用为32.6亿美元（按2000年美元计算），其中美国出资80%，ESA出资15%，ASI出资5%。

　　卡西尼-惠更斯号的主要目标是研究以下问题：

　　　　1.土星光环的三维结构和动力特性；
　　　　2.卫星表面的成分组成和各天体的地质历史，特别是在土卫八的前导半球上的黑暗物质的性质和起源；
　　　　3.土星磁层的三维结构和动态行为；

此图像为旅行者号任务拍摄的最具标志性的画面之一。在与土星相遇四天后，旅行者1号从500万千米的距离回望，拍下了这张图像，这从地球上是永远都不可能看到的

4.在土星云层上部大气的运行规律；

5.土卫六上云团、薄雾随时间的变化情况，以及在土卫六表面小范围内探索其性质；

6.土卫六的大气成分、压力和温度，以及表面性质，这些都有赖于现场观测来揭示。

1997年10月15日的夜晚，大力神4B火箭、半人马座上面级搭载着卡西尼-惠更斯号，从卡纳维拉尔角发射升空。（尽管有一小部分抗议者为航天器上载有用于提供动力的核反应堆感到担忧，但整个发射过程安然无恙。）卡西尼-惠更斯号借助引力助推飞越了金星（1998年4月和1999年6月）、地球（1999年8月）和木星（2000年12月），到达了土星。它在飞往木星的途中还偶然飞越了2685号小行星。

卡西尼-惠更斯号的组装现场，卡西尼号轨道飞行器（上部）正在与惠更斯号着陆器（下部）对接在一起

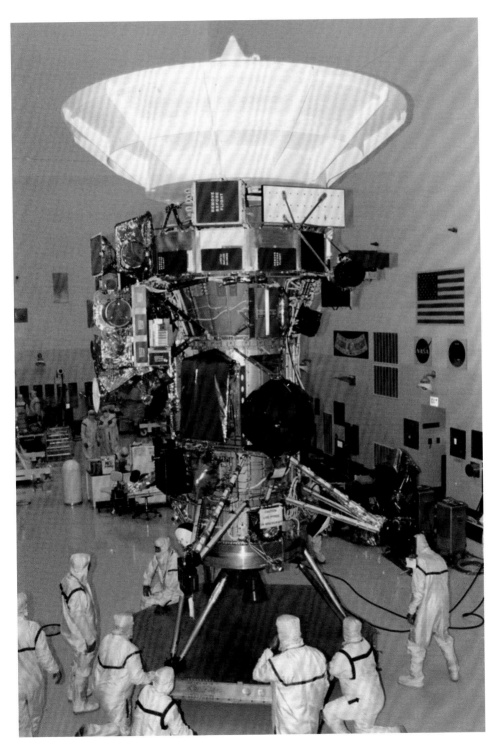

卡西尼-惠更斯号发射

2004年6月30日，正值土星南半球的夏季，卡西尼-惠更斯号成功进入土星轨道，开始了对土星的监测活动。之后，惠更斯号着陆器于2004年12月25日与它的"姐妹"分离，并于2005年1月14日使用降落伞穿过土卫六的大气层降落到其表面，成功实现了在外太阳系天体上的首次着陆。它利用卡西尼号轨道飞行器作为中继器，将包括图像在内的各种信息传回地球，数据传输了大约90分钟。

最初，卡西尼号的任务只计划持续四年，从2004年6月到2008年7月，这是卡西尼号的"主要任务"。在此期间，为了能近距离观察土星光环和内部卫星，卡西尼号的轨道发生了变化。完成主要任务后，由于它保持着出色的状态并发回大量关于土星系统的有用数据，在经费支持下，它又获得了为期两年的延续任务，名为"卡西尼春分点任务"。这样就可以在太阳穿越土星环平面时（2009年8月）对土星进行监

上图：卡西尼-惠更斯号抵达土星轨道

下图：2004年10月6日拍摄的这张图像显示，当它抵达土星时，北半球正处于冬季

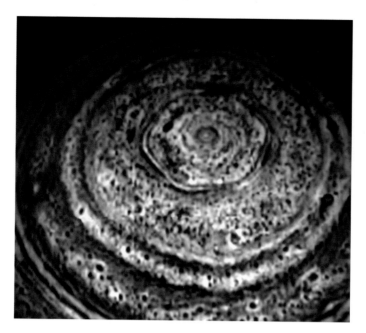

2006年10月拍摄的北极地区，北半球漫长的冬季被夜色笼罩着。卡西尼号的红外探测装置利用土星发射的波长为5微米的热辉光作为光源，捕捉到了北极的六边形。这个六边形一直延伸到大气深处，很可能是由大气深处的强绕极波产生的

测。在第一次延期结束时，任务再一次被延长，期限是七年，名为"卡西尼夏至日任务"。第二次延期期间，卡西尼号环绕土星共155圈，飞越土卫六54次，飞越土卫二11次。

　　在环绕土星运行13年2个月，即半个土星年之后，卡西尼号终于耗尽了燃料。它到达时正值土星北半球的严冬，而此时已接近北半球的盛夏。最后，卡西尼号将与土卫六进行一次近距离接触，进入其任务的"压轴"阶段。在此期间，它的轨道会延长到D环内缘以下，直到距离土卫六云顶仅3000千米的地方。在多次勇敢地穿越D环缝隙后，卡西尼号最后一次经过土卫六，并在2017年9月15日撞向土星——摧毁它是为了防止来自地球的微生物意外污染一颗可能宜居的卫星。卡西尼号在土星高层大气中燃烧并结束了自己的使命，为这一划时代的探索任务带来了壮丽的结局。

上图：2008年7月的土星，这张图像是在位于南纬6°时拍摄的，当时卡西尼号刚开始"卡西尼春分点任务"后不久。卡西尼号第一次到达土星时，北半球正值冬季，这时正要进入春季

下图：2012年10月17日，卡西尼号进入土星背后的阴影内，拍下了这张土星及其光环的背光图像

回归的"辐条"

卡西尼号到达土星时，最初的发现之一是对之前观测的否定回答：那里没有辐状条纹。当时，普遍认为辐状条纹一直存在，只是有些时候仅有在观测者足够靠近环面时才能看到。但从1998年10月以来，就连哈勃空间望远镜也没能观测到它，不过卡西尼号有望表现得更好。然而，即使在与环面距离很近的情况下，卡西尼号也没能找到辐状条纹，直到2005年9月才最终获得发现。因此，辐状条纹的可见或不可见并不仅仅是一种观测效应。辐状条纹被证明是一种真正的季节性现象，它会消失一段时间，这取决于环平面上太阳的高度。

夜幕降临在土星环上。每隔15年，土星会经过二分点，此时太阳正对着土星赤道，夜幕降临在光环上并持续4天的时间。这个时候，从地球上只能看到光环的侧面边缘。2009年8月，卡西尼号恰好在环平面上方20°的地方拍下了一组图像，最终通过拼接得到了这幅画面

这是卡西尼号在2009年8月22日拍下的彩色光环。这张超高分辨率的图，显示了距离土星球心约98 600～105 500千米处土星B环的中心部分。可以看出，这些特征在更小的尺度上都有非常清晰的边界，甚至超出了相机本身的分辨率；但在更靠近土星的地方，环的结构更加模糊和圆润，同时更加不透明、色彩更为单一

似乎是这样，太阳的高度只有在环平面上方17°以内时，辐状条纹才会形成。（值得注意的是，奥米拉观测时，太阳位于环面上方约3°~16.5°，这确实是理论上最可能见到辐状条纹的时间。尽管一些早期绘图中似乎也显示了辐状条纹，但没有一幅是在正确的季节绘制的。）

从行星背面阴影处进行观测，根据辐状条纹的亮度可以看出，它们显然是由细微的尘埃颗粒组成的，粒子间距仅0.6微米。辐状条纹是如何形成的？一种可能的解释是，这

些微小粒子离开土星的阴影进入阳光中时，获得了静电电荷，粒子带电后悬浮于环平面上方，在土星磁场内与土星同步旋转。还有其他可能的解释，例如有人认为是由于微小陨石撞击光环，激起大片等离子体形成了尘埃云（然后悬浮在环平面上，进入磁场中）；甚至有人认为，是土星云层翻涌出的高能闪电冲击光环并喷射出带电粒子尘埃，形成了辐状条纹。上述最后一种理论得到了额外的证据支持，探测器数据显示，辐状条纹产生的频率与行星（土星）磁暴发生的频率大致相同。

土星的一抹蓝色

如上所述，卡西尼号到达土星时，正值北半球的冬至，云层上方的大气呈现出蓝色，看起来与天王星或海王星一样蓝。这一发现让卡西尼号团队的一些科学家感到惊讶，但至少对在地球上观测土星的资深人士来说，这并不意外。卡西尼号继续观测土星。2009年8月，太阳穿越土星环面，季节随之变化：南半球进入冬季，变成了蓝色，北半球的蓝色逐渐褪去。

从地面观测到这个现象并进行分析时，曾经受到过怀疑：处于冬季的半球呈现出蓝色，这应该是个常规的季节性效应，根据推测，由于太阳在冬至点附近的入射角到达最低，同时多数直接入射的太阳光被光环所阻挡，这都让大气中的紫外线减少，也导致了上方所覆盖薄雾的减少，这在前面已经有过讨论。当然，如今这些都已经通过卡西尼号的观测得到了证明。

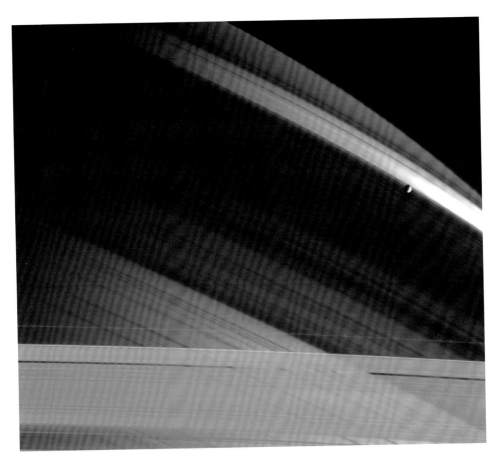

卡西尼号于2005年1月18日拍摄了这张图像，土星环的阴影正好在北半球（冬季）的蓝色背景上，图中的卫星是土卫一。这里的光环看起来更像是天王星的窄环，而不是土星环

多样的光环

　　当然，卡西尼号的主要目标之一是更好地了解光环的运行方式，以及它们的起源和演变——光环实在是太复杂了。与旅行者号激动人心但仓促的勘测相比，卡西尼号专门搭载了多种仪器，能够从很大范围进行观测，也能进行足够长周期的探测，以此了解行星环卫星（环绕光环运行的卫星）轨道偏移情况以及环内的粒子聚集所产生的变化。旅行者号不仅部分证明了经典共振理论的正确性，表明诸如土卫一这样的卫星

光环被照亮的一面，显示出错综复杂的结构。（左起）依次为B环的外部、卡西尼环缝和A环

2007年5月9日，卡西尼号拍摄到土星环背光的一面，拍摄时探测器位于土星北半球上方。能明显看出，即便在光环的阴影下，北半球仍呈蓝色

会扰乱环粒子的轨道并产生了类似B环外边缘的共振特征，它们还拍下了比之前任何人想象的都要复杂得多的环结构。

卫星共振使主环上的密度波产生涟漪，并形成清晰的边缘，就像A环的外缘（由两颗共轨卫星土卫十和土卫十一共振形成）。A环的结构比较容易理解：恩克环缝是因内嵌的土卫十八而产生的，相关数据来自旅行者号；另一颗嵌入环缝的卫星是卡西尼号发现的土卫三十五，它清理出了靠近A环外缘的基勒环缝。其他直径约100米的小天体在与附近环粒子引力的相互作用下，轻微地向内或向外移动，试图但未能清理出一个缝隙，而是形成了螺旋桨形的尾迹。这样的天体被称为超小卫星。没有大到足以在环上清除出连续缝隙的天体，是一颗超小卫星；像土卫十八和土卫三十五那样成功在环上清理出缝隙的天体，就是一颗完全意义上的卫星。

卡西尼环缝展现了出乎意料的复杂结构，包括众多边缘清晰的细环和空隙。这些空隙很容易被识别，值得被单独命名（例如，惠更斯环缝就位于B环外缘）。即使是在卡西尼号造访之后，人们对B环的大部分结构仍然知之甚少，它的内部不仅有常见的缝隙和环状结构，还有垂直的落差——这是卡西尼号最惊人的发现之一。2009年8月，土星正好位于二分点，阳光以非常低的角度入射到光环上，此时B环清晰的外缘显示出长约20 000千米的波浪形，波峰高出环面近2.5千米，

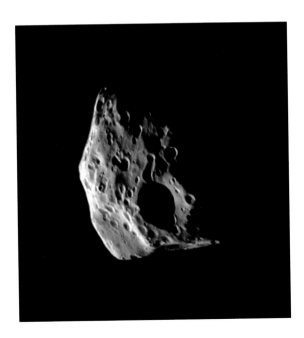

2005年3月30日，卡西尼号在7.5万千米的距离上拍下的土卫十一

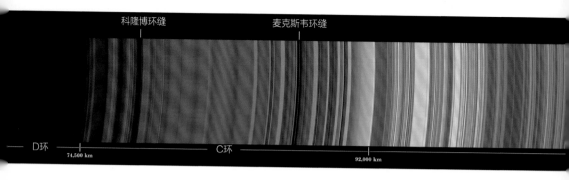

科隆博环缝   麦克斯韦环缝

D环   C环
74,500 km   92,000 km

在环面上投下长长的影子，就像观测月球的明暗界线时看到月球上的巨大山峰在月球表面上投下的阴影一样。

　　C环和D环在旅行者号与卡西尼号任务的间隔期中也发生了一些变化：一个宽度约19 000千米、起伏最高有3米的螺旋结构横跨整个D环，向外延伸到C环的内缘。旅行者号飞越的时候，这个结构还不存在，但根据马修·海德曼（Matthew Hedman）和他同事的推断，这应该是最近，也就是1983年，彗星撞击的结果。[1]这样的撞击会使环上粒子的轨道发生倾斜，并导致其进动，内部的粒子快于外部的粒子。由于粒子的轨道周期不同，随着时间的推移，扰动会变

土星环暗面的拼接图

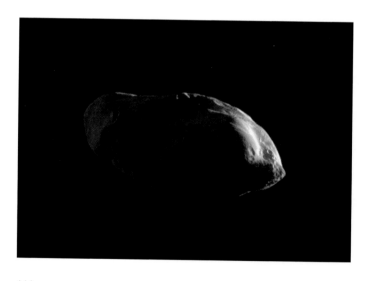

沐浴在土星反射光中的土卫十六，卡西尼号拍摄于2010年1月27日

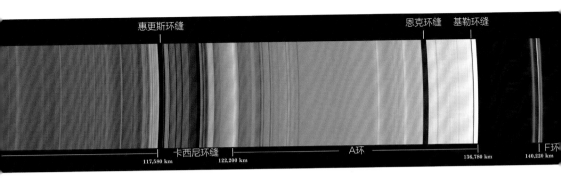

得更加密集。与此类似、间隔更近的起伏显然意味着另一次彗星撞击，或者更有可能是相隔50年左右的两次撞击，应该发生在14世纪的某个时候，那时但丁（Dante）和乔叟（Chaucer）还在进行他们的创作。

F环的质量很小，但它是这些环中最有意思的一个。旅行者号飞越之后，人们相信土卫十六和土卫十七这两颗行星环卫星都扮演了"牧羊犬"的角色。然而，之后卡西尼号的观测表明，这两颗卫星更多的是在搅动这个区域中粒子的运动，而不是让其更加稳定。特别是土卫十六，它周期性地嵌入其中，将粒子拉出长长的扇形尾迹。卡西尼号还观测到，位于F环附近的其他天体运动非常混乱，难以追踪，它们与F环的核心部分不时发生剧烈碰撞。F环的真正神秘之处不在于它的缠绕和"辫子"，而在于在如此多的干扰因素下，它的核心部分仍始终如一。对此，杰弗里·库齐和同事们解释说，从表面上看，土卫十六像是偶然出现在环中的某个位置，实际上，它和F环中的粒子处在"反共振"状态——它在轨道上的进动会抵消掉前一圈运动中带来的引力拉扯，使F环中的粒子一直保持在自己的轨道上。[2]在没有受到土卫十七干扰的粒子中，这种效应尤其强烈。因此，与先前的预期相反，充当了F环"牧羊犬"角色的是土卫十六，而不是土卫十七。

　　除了对主环的观测，卡西尼号对弥散环也进行了颇有意义的研究，这类环主要由不超过100微米的微小粒子构成。因此，相对于影响较小的引力扰动，它们对辐射压力、磁层相互作用等非引力干扰更为敏感。即便是在主环内，也发现了几个狭窄的尘埃环；前面提到的辐状条纹中也包含这样的微小粒子，很明显也与磁层间存在着各种相互作用。在F环之外是G环，其内侧的边缘有一圈明亮的弧形粒子，它们很可能与土卫一存在7∶6的共振。更外侧还有弥散的E环，其最密集的部分甚至处于土卫二的轨道上。E环中包含的烟雾状粒子直径只有1微米，小到无法对红光形成散射，因此E环看起来是蓝色的。它的范围非常之大，囊括了所有冰质卫星，包括土卫一、土卫二、土卫四、土卫五，甚至还有卡西尼号首次揭示的土卫六。如果土卫二上的间歇泉（详见第六章）不能持续地为它补充物质，随着时间的推移，它应该会逐渐消散。还有微弱的菲比环，它是暗淡的土卫八表面覆盖的黑色物质的主要的来源。

　　为了便于查找，在下表中总结了各个环的相关信息。

土星光环直径

名称	单位：土星半径	单位：千米	单位：地球直径
D环	2.472	148 983	11.679
C环	3.054	184 059	14.429
B环	3.902	235 166	18.435
A环	4.538	273 496	21.440
F环	4.652	280 367	21.979
G环	5.80	349 554	27.403
E环	16	964 288	75.593

土星光环宽度

名称	单位：土星半径	单位：千米	单位：地球直径
D环	0.126	7 594	0.595
C环	0.288	17 357	1.361
B环	0.424	25 554	2.003
A环	0.242	14 585	1.143
F环	—	30~500	—
G环	0.08	4 821	0.378
E环	5	301 340	23.623

从无垠时空到有形的环：光环如何生成？

测定光环质量一直是土星研究的重要目标之一，并且这对确定土星环的年龄有重要意义，因为只有在太阳系早期的某一段时间（大约在最初7亿年间），才有足够数量的碎片在太阳系中游荡，构成如今土星环的主要部分。基于旅行者号的数据估算的光环质量具有很大的不确定性，这是因为在飞越土星的过程中，两个探测器故意保持在光环的最外侧运行，受到土星和光环两者引力的共同作用。当时的最佳估计值是，光环的质量可能相当于土卫一的120%到200%。在这种情况下，光环可能是原生的——也就是说，它们可能是与土星球体一起形成的。[3]

然而，事实证明，旅行者号把光环质量估计得太高了。卡西尼号随后获得了明确的结果。执行任务的前12年半，卡西尼号一直在土星环外的轨道运行，也受到土星和光环的两部分引力作用。但在"压轴"阶段，它在内环和土星高层大气之间进行了22次俯冲，因此能够在一个方向上感受到土星的拉力，在另一个方向上感受到土星环的拉力。这是第一次将土星环的引力效应与土星分离开来。最终结果是，光环的质量只有土卫一的0.4倍左右，从地质学上看，它们应该相当年轻。

这一点从光环的亮度也可以得到证明。目前，环上的微粒似乎有90%到95%是由水冰构成。在光环刚形成的时候，这些微粒可能几乎是纯冰，看上去白得耀眼；现在它们明显变红了，即使用肉眼来看，A环和B环也比土星的任何一颗冰质卫星都红得多。C环和卡西尼环缝的物质更为暗淡，颜色偏向中性灰色。对此最直接的解释是，冰混合了一些其他物质——最有可能是彗星和小行星带来的星际尘埃，在太阳系诞生后的46亿年中，光环增加的质量已经和原有质量相当了。这些星际尘埃大约有1/3是岩石颗粒、1/3是碳质焦油，当它们与冰等比例混合时，会让混合物看起来又暗又脏。事实上，这就是我们在木星、天王星和海王星等其他行星光环上看到的景象——暗淡无比。所以说，如果土星光环与太阳系"年纪"相当，那么它也应该是暗的。

当然，光环变暗的速度不仅取决于年代，还取决于尘埃落在光环上的速度。卡西尼号搭载的宇宙尘埃分析仪对此进行了测量，证明尘埃的下落速度比之前估计的快10倍。再结合土星环本身质量较小，就意味着光环不仅比太阳系年轻，而且要年轻得多，也许只有1000万年到1亿年。也就是说，我们看到光环还很年轻、很新鲜，它的光泽还没有被接踵而来的尘埃完全掩埋。

较小的年龄也给光环的形成理论带来极大限制。有一种可能是，一颗彗星撞击了一颗曾经位于洛希极限附近的小卫星，形成了光环。位于洛希极限以外的卫星碎片可能会重

卡西尼号拍摄的土卫七

新组合形成一颗新的小卫星，但散落在该距离以内的碎片将无法重新组合在一起，而是以环粒子的形式继续绕着行星运行。这样的碰撞在太阳系早期更为常见，但是现在也仍然不时发生。在土卫一上，有一个名为赫歇尔陨击坑的巨大撞击坑，形成它的撞击几乎将这颗卫星彻底摧毁。也许，换作另一颗更小的卫星就没那么幸运了。当然了，如果真是这样，因为这些卫星的核心普遍富含硅酸盐，所以光环中也应该含有该成分，但迄今为止还没有被发现。还有另一种可能，例子就是土卫七——形状不规则，最长直径达到了350千米，很像是来自更大天体的碰撞碎片（但奇怪的是，其表面类似海绵）——有可能它曾经遭受彗星的撞击，它的冰质外壳碎片被抛向内侧，正好形成了光环。

还有其他可能的情况，例如有来自柯伊伯带的流浪天体参与其中。柯伊伯带是一片覆盖着冰质天体的区域，它们大部分位于海王星轨道之外。大量的柯伊伯带天体在扰动的影响下进入偏心轨道，朝向太阳系内部运动，还有一些甚至越过了土星轨道。这类天体统称为半人马小行星，其中包括1977年发现的直径272千米的小行星喀戎（编号2060）。在远日点，喀戎接近天王星的轨道；在近日点，它运行到土星轨道以内。它会运行到十分接近行星的地方，所以接下来的轨迹无法精确预测。如果它以后有机会距离土星足够近，就有可能被甩入一条双曲线轨道飞离太阳系；或者更有可能的是，它运行至离天王星很近的地方，改变方向朝太阳系内前进，然后在半路被其他某个巨行星（如土星或木星）捕获，成为这些行星庞大的卫星家族中的一员。土卫九有着巨大、高倾角、大偏心率以及逆行的轨道（它在轨道上运行的方向与主要卫星相反），它很可能是很久以前被土星捕获的柯伊

土卫九，由卡西尼号拍摄

伯带天体。类似喀戎和土卫九这样大的天体并不多见，而且它们几乎不可能在近期撞击土星系统，形成我们所看到的轻盈且明亮的光环；但对于一些较小的柯伊伯带天体来说，上述的一切还是很有可能发生的。

事实上，土星的卫星，除了最大的6颗可能是随着土星一起由星周盘中的物质演化形成的，其余62颗以上几乎都是被捕获的天体或其碰撞形成的碎片。拥有79颗卫星的木星也是如此。木星还为我们提供了一个重要启示。2017年春天，作为"海王星外大行星搜索计划"的一部分，卡耐基研究所的斯科特·谢泼德（Scott S. Sheppard）、夏威夷大学的戴维·托伦（David Tholen）和北亚利桑那大学的查德·特鲁希略（Chad Trujillo），在位于智利的托洛洛山美洲天文台，使用4米口径的布兰科望远镜寻找遥远的外太阳系天体。在木星经过他们的搜索区域时，他们发现了不少于12颗木星的新卫星。（他们花了一年多的时间才获得足够的观测数据，以确认这些天体在围绕木星运行，所以直到2018年7月这些发现才正式公布。）其中的9颗卫星距木星较远，位于外侧卫星群中，它们在轨道上逆行，与木星自转方向相反，形成了三个不同的轨道。这表明它们来自三个不同的母天体，母天体在与小行星、彗星或其他卫星的碰撞中破裂了。还有2颗卫星位于靠近木星的内部卫星群中，它们在轨道上顺行，与木星的自转方向相同。它们似乎也是一颗更大卫星的碎片。然而可以确定的是，第12颗卫星绝对是个奇怪的天体，它虽在轨道上顺行，但轨道面的倾角很大，而且与外侧逆行的卫星轨道产生了交叉。就像公路上的交通一样，方向错误很可能以悲剧收场，它最终会不可避免地与其他卫星相撞。这种碰撞会迅速将天体撞碎并使其粉碎成尘埃。[4]土星A环外的几颗行星环卫星很可能就是更大天体的碎片，而且几乎可以肯定，光环本身也是这样。

光环不会是永恒的。从宇宙演化的角度来说，它是近期才出现的，我们今天所看到的光环反映了它最初形成时高度演化的状态。它将继续演化。光环在不断地失去物质，它过去的规模一定比现在大得多。2017年9月，卡西尼号穿过光环和土星之间的缝隙，在坠毁前它测定了光环的即时消耗率，发现土星光环可能会在1亿年后彻底消失。

"万物终将凋谢"，艾尔弗雷德·怀特海（Alfred Whitehead）曾说，即使如光环般高贵，也会如此。从物理上看，光环只不过是一个碎石盘，"旋转的碎片云团终将坍塌，这就是自然的最终状态"。[5] 从形成恒星的旋涡星系，

卡西尼号在外侧拍摄土星，此时土星正好完全遮挡住了太阳；在照片中的右下角，可以瞥见一个遥远的小世界。此处有一个令人清醒的事实：到目前为止，生活在地球上的人类，还没有任何一个人的活动范围超过那个淡蓝色小点到月球之间的距离，而月球就在这个淡蓝色小点的旁边，你在这张照片中甚至都看不见它

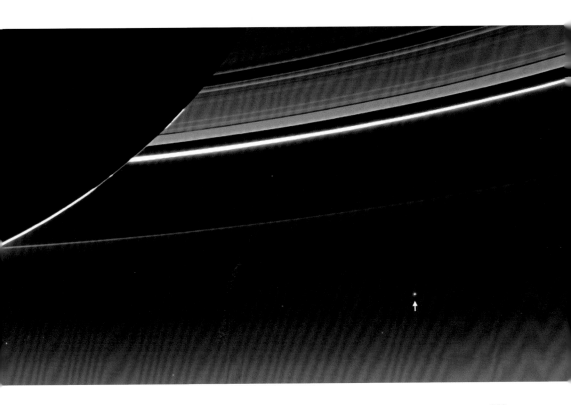

到产生行星和大型卫星的星周盘和环行星盘，旋转盘存在于宇宙的各个角落。土星光环作为无数旋转盘的典型，在某种意义上，和柏拉图的思想几乎不谋而合，体现了斯宾诺莎（Spinoza）在谈到"在永恒的观点下"时所考虑的那些方面，即普遍的、永恒的真理。因此，对这些遥远的天体观察与思考，可以让我们这些凡人在一定程度上摆脱短暂生命的束缚。

如果不是作为物理对象，而只将其看作纯粹的形式，那么光环的存在与时间无关。它们就像开普勒思考了很久的柏拉图多面体。当你站在观测阶梯上，从望远镜的目镜里向外展望，在广阔的苍穹之中，土星、土星环和众多卫星浮现在视野之中，你很难不心生感触，正如美国天文学家威廉·摩根（William Morgan）在个人笔记中这样写道：

> 啊，这宁静的时刻——思维也变得灵活——遥远的空间、时间和形式，让人不禁沉醉其中——那神圣的形式世界。[6]

第六章
众卫星月光环绕

土星光环本质上是一群粒子，包含从气溶胶大小的微粒到几米宽的"颗粒"，它们不知不觉地融入一组卫星中，形成卫星群。

最近的统计显示，已知的卫星有62颗（疑似有63颗）。到目前为止，已经有53颗卫星的轨道被精确计算出来，并获得了命名。[①] 其中，土卫一、土卫二、土卫三、土卫四、土卫五、土卫六和土卫八这几颗卫星被认为是原初卫星，根据推测，它们和土星在同一时期形成；土星形成于环绕太阳的星周盘，相应的，这几颗卫星则形成于环绕行星的行星周物质。其他的小卫星，例如形状不规则、混乱翻滚的土卫七，以及在大偏心率、高倾角轨道上逆行的土卫九，都是被捕获的天体，它们可能来自柯伊伯带。正如前一章提到的，有几十颗非常小的卫星可能是被捕获的小天体，或是很久以前碰撞留下的碎片，其中包括了运行在A环外缘外侧的行星环卫星。还有一些嵌入环缝中的卫星，比如著名的土卫十八，其直径只有28千米，轨道位于A环外缘的内侧，它把自己所在的轨道清理干净，形成了恩克环缝。

6颗最大的卫星，其自身就是一个真正的世界（见附录三），它们都有着有趣的地质构造，土卫六甚至有大气层。

---

① 根据最新的统计，已知的土星卫星有146颗，其中已经有53颗卫星的轨道被精确计算出来，63颗已获得命名。——译者注

它们所展示出的现象，包括凌行星、卫影凌行星以及相互掩食，与木星的伽利略卫星所展示的现象很类似，只不过土星卫星的这类现象要少见得多。原因是土星的自转轴与它的公转轨道平面有26.7°的倾角，而木星的自转轴倾角只有3.1°。因此，尽管除土卫八之外的土星卫星都在土星的赤道平面附近运行，但拥有大的自转轴倾角就意味着该卫星经常出现在土星的上方或下方。只有在每经过两年的时间，也就是在环平面和卫星轨道平面交叉的时候，才会出现卫星凌土、相互掩食等现象的观测窗口。如果此时涉及了最大的卫星，如土卫六、土卫五、土卫四和土卫三，必然会引起爱好者们的观测兴趣。

威廉·赫歇尔在1789年11月2日首次观测到土星卫影凌土的情况，然而直到1862年4月15日这个现象才再次被威廉·道斯观测到，他当时使用的是21厘米口径的折射望远镜。间隔这么久并不是因为观测难度大，也不是因为道斯的视力超强（10厘米口径的望远镜就足以做到），实际上是由于观测者们缺乏事先预测，再加上关键时刻天气条件差（道斯在1848—1849年曾经历过）。土卫八的轨道面与土星的赤道面之间有8°的夹角，十分特立独行，与它有关的现象一般发生在太阳穿越土星环平面的前两年左右，在极为罕见的情况下，土卫八甚至会进入光环的阴影里。爱德华·巴纳德在1889年11月1—2日间首次观测到了这个罕见现象，他也因此对C环的性质有了更深刻的认识。他记录道：

> 黑纱环（原文如此）非常透明——阳光轻易从中穿过，黑纱环中的粒子阻隔了相当可观的光线，这些粒子聚集得越来越厚——或者换句话说，越是靠近外侧亮环

的部分，你就越能感受到它的浓厚与密集。[1]

探测器眼中的卫星

除了研究起源显然与土星光环有关的小卫星外，两艘旅行者号和卡西尼号还首次获得了一些大卫星的详细图像，所以我们现在对它们也有了更多了解。

正如前面所提到的，六颗最大的卫星被认为是由环行星盘或星云形成的，类似于形成行星的星周盘。这些星云一定是在土星形成的早期产生的——在原行星获得足够的质量，

2005年2月28日，轨道上的卡西尼号在距离土星260万千米处拍下了这张壮观的图像。卡西尼号、土卫四（左）和土卫二（右）几乎完全位于环平面上，光环的真实厚度显露无遗

使其周围环绕的星云打开巨大的气体缺口前,这些星云就已经存在了。随后,这些星云中的气体物质被成型的土星所吸引,逐渐形成一个旋转的盘。这个过程的细节还远未确定,但可以推测,小卫星是由盘中的气体形成的,随后逐渐聚集成卫星。

卫星的平均密度可以用来估计冷凝的挥发物(主要是水冰)和岩石(硅酸盐和金属)等成分的大致比例。土星系统包括了一颗大卫星土卫六,它的密度约为1500 kg/m³,与木卫三和木卫四的密度非常相似。这样的密度说明土卫六的成分构成大约是水冰和岩石各占一半。六颗中等大小的卫星,土卫一、土卫二、土卫三、土卫四、土卫五和土卫八,密度范围很广。土卫二的密度为1600 kg/m³,而土卫三仅为991 kg/m³,无疑说明它们的成分存在很大差异。这与木星卫星的情况有所不同,木星卫星的成分构成与距离相关:内侧的两颗卫星,木卫一和木卫二,主要由岩石构成;外侧的两颗,木卫四和木卫三,则是冰和岩石的混合物。目前,有

土卫六及其影子凌土,2009年2月24日哈勃空间望远镜拍摄

土卫一，及其表面巨大的赫歇尔陨击坑

关土星卫星的成分差异，与土星环中富含冰的性质以及环内部存在的共轨卫星、行星环卫星一样，还没有得到很好的解释。

按照距离的远近，土卫一是离土星最近的卫星，它在A环之外，位于E环内部。由于其内部位置的特殊性，土卫一在协调光环中的轨道共振方面发挥了主导作用，这是丹尼尔·柯克伍德很早以前发现的。土卫一的表面覆盖着冰，布满了撞击坑，看起来很像电影《星球大战》中的死星。那里有一个极为壮观的多环盆地——赫歇尔陨击坑，宽度达130千米。从其大小来看，那次撞击一定非常凶险，几乎将整颗卫星全部摧毁。如果真是这样，光环一定会是另一个模样。

从旅行者号提供的图像中可以看出，土卫二可能是所有土星卫星中最吸引人的，它的表面平滑，看起来更年轻，这表明它在最近的地质时期经历了重大的变化。土卫二轨道周期为1天8小时53分钟，它与土卫四形成1∶2的轨道共振，后者的轨道周期为2天17小时41分钟。（正如第三章中提到的，共振并不稳定，与木星系统中木卫一、木卫二和木卫三一样，本质上就是不稳定的，最终它们也必将演化为不同的轨道关系。）因此，当前的共振导致土卫二受到了来自土卫四（质量更大）的强大潮汐力。这就像木卫一和木卫二一样，潮汐力导致的伸缩和弯曲也让土卫二内部保持了一定的

土卫二，这是它的后随半球

土卫二的北极地区，由卡西尼号拍摄的图像拼接而成。位于明暗界线上方的两个突出的撞击坑分别是阿里巴巴撞击坑和阿拉丁撞击坑，在它们的左边，垂直向上延伸的就是撒马尔罕沟槽

温度，并使其地质活动得以持续进行。

　　土卫二表面的主要成分是较新的冰层，这使它成为太阳系中反射能力最强的天体。它的反照率与新降的雪相同，达到了0.81。（出人意料的是，土卫二的反照率甚至比赫歇尔发现它时使用的望远镜中金属镜面的反照率还高，后者的反照率还不到0.75。）由于有这样一个镜面表面，土卫二只能吸收来自太阳的极少热量，其正午温度也不会高于75 K（−198℃）。然而很有可能的是，在它冰冷外层下深度超过50千米的地方，潮汐能产生了足够的热量，创造出一个全球性的咸水海洋。

　　由于内部热量的影响，土卫二表面的大片区域在近期发生了很大变化。有一些区域是较古老的坑洞地形，撞击坑形成后星体表面发生变形，这些坑洞就逐步破裂了。还有一些区域的表面更为光滑、坑洞较少，分布着许多小山脊和悬崖。最有趣的是一片靠近南极的区域，那里显得与众不同，

构造发生了变形，地质上非常
年轻。在其中心附近有四条断
裂带，被称为"虎皮条纹"，
四周包围着蓝色的冰层。卡西
尼号搭载的可见光和红外测绘
光谱仪探测显示，这些冰层是
由晶状的水冰组成的。在这四

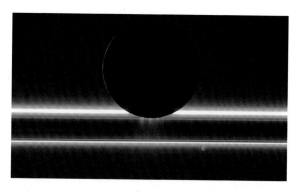

2005年11月27日卡西尼号
拍摄的伪彩色图像，显示出
土卫二南半球存在的间歇泉
喷流

个断裂带中，有100多个间歇泉向外喷发，喷出的冰粒子和
蒸汽形成的喷流在星体表面向外延伸出数百千米。虽然其中
的大部分物质会再次回落，但也有一些逃逸到外部空间中，
形成了弥散的E环。为了分析喷流物质的组成，卡西尼号对
其进行了十几次扫描，发现其主要成分还是水，但也存在有
机分子的痕迹，比如二氧化碳和氨。

　　这些发现无疑是卡西尼号任务中，也是太阳系探索历史
上最重要的成果之一。这表明，在土卫二的地下海洋中，
有生命起源所必需的所有成分。需要说明的是，缺少阳光并
不是形成生命体的"绊脚石"。在地球上，海底火山口附近
存在着丰富的生态系统，在那里，作为食物链基础的是化能
微生物，它们能够将二氧化碳转化为甲烷并获取能量。也许
土卫二上也存在这样的生态系统。类似的环境（包括地下海
洋）可能也存在于木卫二上，但木卫二的海洋位于更深处，
比土卫二更加难以探测。根据卡西尼号的探测结果，卡洛
琳·波尔科提出了疑问："这个小小的冰天雪地里，是否孕
育了太阳系中的另一种生命形式？在喷流中有生命的迹象
吗？微生物会降落在它的表面吗？"[2] 正是因为这个结果，土
卫二已经超越木卫二甚至火星，成为"太阳系中最容易到达
的最有希望找到生命的地方"，也成为未来土星探测任务的

土卫三

主要目标。

　　继续向外，接下来是直径1060千米的土卫三。从旅行者号提供的图像中我们得知，土卫三表面的一个显著特征是一条巨大的裂缝——伊萨卡峡谷，它纵贯了整个星球，从一个极点延伸到另一个极点；以它为中心，还延伸出了一系列复杂的平行裂缝。同样值得注意的是直径超过400千米的奥德赛环形山，其底部还有一个突出的山峰。

　　土卫四位于土卫三和土卫五之间，直径为1120千米。两艘旅行者号探测器都没能近距离观察到它的表面，只是大概显示出一个错综复杂的系统，其中似乎有明亮的丝缕结构（可能是星体表面的霜），汇聚在一个类似撞击坑的特征周围。这个类似撞击坑的特征被称为阿玛塔撞击坑。土卫四的前导半球显得更为光滑、暗淡，后随半球则更为明亮、布满撞击坑，其中最大的两个是埃涅阿斯环形山和迪多环形山。和土星的其他大型卫星一样，土卫四也处于潮汐锁定状态，也就是说，它总是同一面朝向土星，另一面朝向相反的方向。本来的预期是，它的前导半球的撞击坑率相对较高，后随半球的撞击坑率更低。（做个粗略的类比，前导半球就像是被一群昆虫群迎面撞上的挡风玻璃。）既然在土卫四发现了相反的情况，就说明它曾经以相反的朝向被土星潮汐锁定，后来可能是由于巨大的撞击改变了朝向，或者是朝向经过了多次改变。另外，旅行者号发现后随半球上的丝缕结构特征可能根本不是"丝缕"；相反，根据卡西尼号的探测，它们应该是明亮的冰崖，高度达到了数百米，正好位于断裂带的交叉部位上。

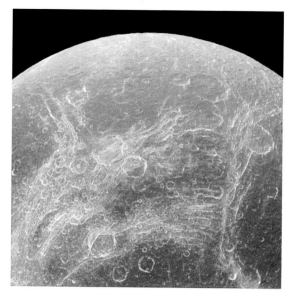

土卫四

土卫五的直径为1530千米，其前导半球和后随半球的表面更典型、更符合预期。它的前导半球表面布满了大量的撞击坑，比太阳系中其他天体表面的都要密集。后随半球黑暗且光滑，那里有两个主要的撞击坑，直径达到了400~500千米，其中更靠北且退化程度较低的被称为蒂拉瓦陨击坑；还有一个著名的放射状撞击坑，名为因克托米，直径48千米，

土卫五

是土星系统中最年轻的撞击坑之一。

让我们暂且略过土卫六，先来看直径907千米的土卫八，它是唯一一颗比土卫六距离土星更远的大型卫星。卡西尼在三百多年前提出的有关两个半球亮度差异的理论，在这里得到了旅行者号的证实。旅行者号传回的图像显示，后随半球的反射能力是前导半球的10~20倍；前导半球由一条经线方向横跨220°、纬线方向横跨110°的黑色宽带占据大部分区域。斯皮策红外太空望远镜和卡西尼号的观测对此提供

了更多的细节：宽阔的黑色条带包含了来自土卫九上的物质（据推测这些物质是被土卫八捕获的）。数十亿年来，太阳辐射和微流星体的轰击使土卫九表面尘埃大小的物质松动，形成了一个极其稀疏的菲比环，比土星的其他环都更大、更稀薄。每当土卫八穿过这些物质，它的前导半球就会聚集尘埃颗粒，使表面变暗；而另一面，也就是后随半球则保持"正常"，由水冰覆盖。黑暗的半球会吸收更多的热量，温度足够高，所以在这个表面上的水一旦凝结或冻结后就会升

由卡西尼号拍摄的土卫八拼接图，显示了其明亮的后随半球。靠近底部的是巨大的安杰利尔陨击坑，它与较古老的格尔恩陨击坑部分重叠并将其掩盖

土卫八的明暗两个半球对比

华；水冰只会在更冷、更亮的那一面形成。所以直到现在，每个半球都保留了它特有的表面颜色。

土卫六：行星一般大小的卫星

最后，我们来看看土卫六。土卫六是最大的土星卫星，比土卫二大10倍，是唯一一颗在规模上堪比木星伽利略卫星的卫星（只有木卫三比它大）。作为太阳系中已知的唯一一颗有明显大气层的卫星，土卫六显然是卡西尼–惠更斯号任务的主要目标。

旅行者号拍摄的图像显示，土卫六被一层厚厚的黄褐色烟雾笼罩着，烟雾中含有碳氢化合物，由甲烷光解作用产生。这种烟雾能阻碍阳光照射到土卫六的表面，但又允许表面的热量（红外辐射）逃逸到太空中，从而产生了所谓的"反温室效应"，即低层大气中的温室气体（例如甲烷）的作用被减弱了。因此，土卫六的大气作为热阱的效率很低，它的表面温度大约是94 K（−179℃），仅比没有大气的情况

被烟雾覆盖的土卫六

下高出7℃。

　　由于烟雾的遮挡，旅行者号无法看到土卫六的表面。地球上的射电望远镜和哈勃空间望远镜在红外波段的观测结果，显示出其表面存在着反射率不同的区域，可以确定这些区域是由液态甲烷或乙烷组成的相互独立的海洋或湖泊。直到卡西尼号到来，土卫六长期以来的秘密才被完全揭示出来。

　　卡西尼号在近红外波段（此波段下才能透过烟雾）拍摄了土卫六表面的图像，还用雷达测绘了表面的地图，就像之前麦哲伦号（*Magellan*）金星探测器在轨道上对云雾笼罩的金星所做的一样。

　　卡西尼号对土卫六的雷达测绘显示，在其表面，液态甲烷和乙烷的流动形成了复杂的山谷系统，还有两极附近的永久湖泊。甲烷的沸点为112 K（-161℃），乙烷的沸点为184 K（-89℃），而土卫六表面的温度只有94 K，非常寒冷，因此甲烷和乙烷在这里都能以液态形式存在并流动和聚集。地球表面是由水循环主导的，而土卫六——水在这里像岩石一样坚硬——是由甲烷循环主导的，它的外观惊人（即使是虚幻的）——像地球一样包含河流和三角洲。至少在我（作者）看来，其中一个三角洲更像是长岛和哈德逊河谷！

土卫六上的许多湖泊都是永久存在的，而且往往主要分

土卫六上的乙烷湖，产生了镜子般的反射

布在北极周围，但是原因尚不清楚。有些湖非常大，例如位于南极的一个甲烷湖，有安大略湖那么大（因此也被命名为安大略湖）。有些湖的边缘是沼泽，而有些则是干涸的。土卫六的季节与土星本身的季节相似。其他的表面特征还包括绵延于土卫六赤道地区的巨大沙丘，那里的"沙子"是由深色的碳氢化合物颗粒组成的，看起来就像咖啡渣。形成沙丘的物质是外来的，它高耸的线形特征与地球上的沙丘，如非洲纳米布沙漠的沙丘极为相似。

卡西尼号进行了大量的重力测量，显示出土卫六表面的"岩石"下面可能存在着液态水的海洋（可能混合着盐和氨），其深度在55～80千米。因此，土卫六和太阳系的其他几个天体，包括木卫二和土卫二，都有可能存在着生命。在其由液态甲烷和液态乙烷构成的河流、湖泊和海洋中，甚至

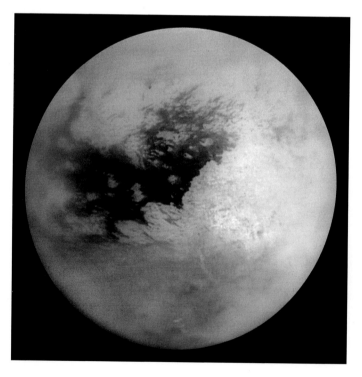

雷达测绘的土卫六表面

惠更斯号降落的区域充满着
各种水道和支流

可能孕育着某种生命——尽管很可能不是我们熟知的生命
形式。

　　与此同时，在进入土星轨道后不久，惠更斯号就与卡西
尼号分离并开始了自己的任务——穿越大气层，降落到土卫
六表面。在下降过程中，惠更斯号利用搭载的气相色谱–质
谱仪分析了土星大气的成分，同时记录无线电信号强度的变
化，以测量风速和风向。此外，惠更斯号的摄像头还在不同
的高度以及着陆地点拍摄了土卫六表面的图像。

　　下降过程持续了2小时27分钟，最终惠更斯号在位于赤
道地区的一片被沙丘覆盖的平原着陆。它撞击土卫六表面
的速度类似于地球上的一个球从大约1米的高度落下，随后
它反弹、滑动、摇摆、扬起一团灰尘，最后停了下来。着
陆地点位于一系列分叉的水道附近，这些水道似乎从邻近
的浅色区域流出，并排入深色的海洋。随后的分析表明，

卡西尼号看向太阳，此时太阳即将消失在土星后，阳光从弥散的G环和E环间穿过

探测器实际上降落在了这片海中。惠更斯号从地面高度拍摄的图像，确实显示出它在一片覆盖着圆润卵石的平坦的平原上。这不禁让人想起了其他"世界"的场景，例如金星号（*Venera*）所拍摄的金星，或者降落在火星的海盗号、探路者号（*Pathfinder*）、机遇号（*Opportunity*）和好奇号（*Curiosity*）所拍摄的火星，甚至是地球的玄武岩熔岩地表，就像是夏威夷岛上的那样。天空呈现出淡褐色，就像冬日的阳光穿透寒冷的雾霾一样。

外表是具有欺骗性的，用地球上的场景与土卫六进行类比是种错觉。与玄武岩熔岩区域不同的是，土卫六表面的这些小卵石（直径均不超过15厘米）是水冰，它们像岩石一样坚硬，其中可能还包裹着碳氢化合物。天空之所以呈现出淡褐色，是由于在土卫六的碳氢化合物烟雾里，蓝色的光比红色的光衰减更多。即便在白天，天空也是朦胧的，但并不黑暗。惠更斯号着陆时的环境亮度与地球上日落10分钟后差不多，那时仍然足以投射出清晰、低对比度的阴影。接下来，探测器就没有更多的时间了，引用一句亚历山大·蒲柏（Alexander Pope）的诗，它只能是"四下看看，然后死去"。在着陆72分钟后，惠更斯号的电池耗尽，最终陷入了沉默。

此刻，我们回想起三个半世纪以前，克里斯蒂安·惠更斯用放大率仅有50倍的折射望远镜第一次注意到土卫六这颗暗淡的星星。这是多么大的一个进步！现在，以他的名字命名的探测器，一个装有仪器的小"包裹"，一个我们的使者，揭开了这个世界的面纱——无可否认，这是我们所知道的最奇怪、最神秘的世界之一。我们早已与惠更斯号失去联系，但它仍然矗立于构成了那个奇异的陌生世界的冰岩、乙烷湖和甲烷湖之间，面对着我们的好奇心和智慧迄今为止引领我们所达到的最远的海岸线。

环卫星的特写

在对环的勘查中，我们经常会看到有若干小卫星运行在环的外侧或者缝隙的周围，它们在保持光环的形状中发挥了重要的作用。例如，土卫十六在不断地聚拢着F环中的粒子，土卫十八把恩克环缝清理干净了，还有土卫三十五，它一直沿着基勒环缝运行，使外缘呈波状。

在卡西尼号任务的"压轴"阶段，我们得到了一个意外的收获。为了研究土星、土星的光环还有磁层，卡西尼号对土星进行了飞掠，除此之外它还近距离飞过了五颗环卫星——土卫十五、土卫三十五、土卫十一、土卫十八和土卫十七，并对它们进行了仔细的勘测。探测器发现这些卫星的表面具有非常多的孔隙，这表明它们是逐步形成的。这类卫星可能形成于原始致密核间的相互碰撞。原始致密核有可能是形成环的大灾难残留下来的，上面附着着来自环的冰和尘埃。这些物质聚积在卫星的赤道周围逐渐形成了"小裙边"。土卫十五和土卫三十五位于A环外缘，二者的表面受环物质的影响最大，因此尽管这两颗卫星现在都不在环物质尘埃云中运行，它们仍呈现出与光环类似的微红色。位于A环以外的卫星颜色更偏浅蓝，有证据表明它们被来自土卫二的冰喷流物质所覆盖。

卡西尼号任务小组成员邦妮·布拉蒂（Bonnie Buratti）认为，相同的过程无疑发生在整个环上，环内最大的粒子也吸聚着周围的环物质："光环和卫星实际上是同一种天体——光环是由小粒子组成的，而这些卫星只不过是更大版本的粒子而已"。[3]毫无疑问，经过仔细检查会发现，这些"粒子"不论大小，都有类似的斑点状"裙边"外形。土星的光环和卫星，作为动态系统中的一部分相互影响着，这就是一颗破碎卫星的最终归宿。

第七章
观测土星

不管使用什么望远镜观测夜空，土星都值得一看。即使是普通人也会惊叹于它的美丽，它的光环、球体和卫星展现出的各种现象，总是充满着无穷的吸引力。

与木星相比，土星更为遥远，各种特征也更含蓄低调，而且看起来太小，不容易被观测到。即使在它处于最佳位置，视直径最大的时候，土星的大小看起来也不会超过月球表面的哥白尼陨击坑，而且这还已经包含了土星环！因此，对土星的观测需要更多的练习，付出更多的热情，才能超越最初阶段的热爱，然后静待那种心灵触动感觉的到来。只有进行持续数年的研究才能观测到那些随时间变化的现象，如行星的环面变化、季节变化，以及卫星凌土和卫影凌土，还有卫星间的相互掩食现象，等等。

你能看到什么取决于很多因素，包括望远镜的质量和目镜的选择，土星的大气状态和光环的角度，地球的大气状态（湍流活动程度）和你作为观测者的经验。如何更好地对这颗"太阳系最美丽的行星"进行观测？以下是一些建议。

　　经验　只有一种方法可以获得经验，那就是夜复一夜地观察它。看得越多，你看到（更多细节）的可能性就越大，特别是到后来，你会对这个星球的各种微妙细节都变得越来越熟悉。一旦把行星定位到视野里，你就可以马上开始集中于更精细的细节观测。

大气视宁度 保持观测记录非常重要，包括观测的起止时间、日期、地点，以及望远镜的口径大小、类型和放大率。如果缺少这些信息，记录的有效性就会受到影响。同样，对地球大气的稳定性（即"视宁度"）进行评估也很重要。数值在0和1之间时，情况可能是最糟糕的，此时行星看上去好似在翻腾、颤动，或起伏得很厉害；所以最好还是把望远镜放在一边，等待一个更好的夜晚吧！在数值是10的时候，望远镜中的行星看起来如岩石一般稳定，像是雕刻出来的——具备"完美视宁度"。

请记住，地球的大气也在不断变化。如果你第一次观测土星时，只看到了土星本体和土星环，而没有看到其他的东西，请不要气馁，你最终将学会如何欣赏和享受一个有着完美视宁度的夜晚，此时的土星会为你敞开胸怀。不同的观测地点有它们自己特定的观测规律。作者注意到，在亚利桑那州弗拉格斯塔夫，在7月到9月中旬间的"季风季节"，通常是没什么希望进行观测的，因为大气状况很不稳定（经常有云层和雷暴）。不过，在一年中的其他时间，"岩石般稳定"的视宁度并不少见。钩卷云常常预示着视宁度会很好，但天空的透明度——或者说天空黑暗与否——与良好的行星观测条件并没有必然的相关性。大气经常被烟雾所笼罩，这通常是大城市的热岛效应所致。显然，在柏油路面上（或在地面以下）进行观测是不明智的。如果望远镜放置在室内，应该把它拿到室外，或提前打开圆顶或顶棚，以使

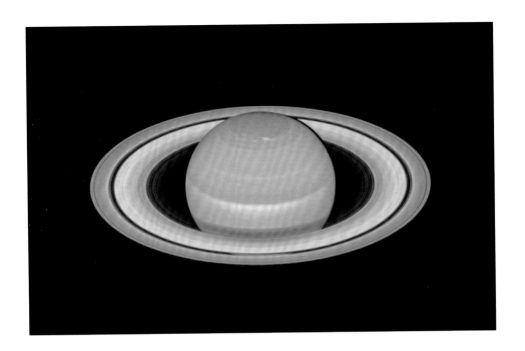

这是哈勃空间望远镜于2018年6月6日拍摄的土星环北侧环面。土星此刻正在接近冲日点，并将于6月27日到达，因此在土星环上只能看到土星球体一条非常窄的影子。注意高纬度地区那些明亮的云。在这幅图像中可以看到的环结构比在地球上能看到的要多

望远镜各部件与外界空气达到热平衡。其中牛顿式反射望远镜比较特别，它的镜筒是开放式的，很容易就能达到内外平衡。

望远镜及其目镜　使用任意尺寸的望远镜以及放大率低至30倍的目镜，就可以看到并欣赏土星和它的光环。（不要忘了惠更斯的望远镜放大率只有50倍，卡西尼用一架仅90倍的望远镜就观测到了那条以他的名字命名的缝隙。）对于严肃的科学研究来说，只有一台7.6厘米口径的折射望远镜或者15.4厘米口径的反射望远镜，可能观测效果确实会差一些，但是也能看到土星球体上主要的暗带和其呈现出的红褐色；同时，根据光环的倾斜程度，还有机会看清楚C环。如果有合适的条件和足够的时间，使用20厘米口径或者更大口径的望远镜，就可以看到更多的东西。需要注意的是，一般建议

放大率不超过视宁度所允许的范围——如果图像变得杂乱，最好降低放大率。当然，因为土星的表面亮度较低，因此观测土星时可以使用比观测木星时更高的放大倍率。推荐每厘米口径对应20倍的放大率，这是一个相对合理的数字。

观测目标清单

在良好的观测条件下，用小型或中型望远镜对土星进行观测时，应注意以下几点：

1.光环投射在土星球体上的阴影的形状，以及球体投射在环面上的阴影的形状。一些不规则的地方应该首先被注意到，比如阴影边缘的变形，这可能会导致阴影看起来就像是突然被"切断"了，其曲率在卡西尼环缝处反转，或者轮廓在阴影交叉点处[①]移位。当阴影边缘以一个很小的锐角接触到卡西尼环缝时，就会产生这种模糊效果，类似于水星和金星凌日时在接触的边缘发生的黑滴现象。还有另一个光学现象值得注意，在阳光照射下的光环上毗邻球体阴影边缘的地方，会出现一个明亮的区域，被称为特比白斑——以比利时天文学家特比（F. J. C. Terby）的名字命名，他在1889年首次描述了这一现象。这种效应纯粹是一种错觉，因为人眼会放大相邻区域不同强度的对比；而且因为图像处理程序也模仿了人类的视觉系统，所以这个现象也会出现在CCD

---

① 指的是光环阴影与卡西尼环缝相接的位置。——译者注

图像上。尽管如此，它还是很醒目。

2.环的倾斜度很重要。环面越接近正面面对地球方向的状态，就越容易欣赏到环面的组成部分和环缝。如果环的正面视角变窄了，那么甚至连识别卡西尼环缝也会成为一个挑战。不过，当我们正对着环的侧边缘的时候，还可以进行一些特殊的观测，比如顺着环扁扁的侧面进行"聚合"观测，在这个时候卫星也更容易被看到，这不仅是因为来自光环正面的眩光减弱了，还因为卫星会在光环平面上下"穿梭"，因此很容易从恒星的背景中区分开来。

3.把握冲日的时间。为了更好地分辨出环缝，最好避开土星接近冲日点的时间，等到土星球体的阴影投射在光环上。最大阴影出现在太阳-地球-土星三者连线的夹角为90°的时候。

4.观测到的条带数量、颜色和位置应注明，并根据英国天文协会的标准命名法进行识别。任何在条带、亮斑或暗斑上的显著特征都应加以注意；自转周期可以通过观察中央子午线来推算。在历史上，这些测量方法在标绘土星的风速时非常有用。此外，观测者应该注意白斑。尽管在2010—2011年的大白斑爆发之后，几十年内不会再有类似规模的白斑爆发，但小一些的白斑也并不少见；例如在2018年6月，哈勃空间望远镜就拍到了土星高纬度地区的小白斑。

5.注意观测到的季节性现象，例如呈现出蓝色的半球，这是土星秋天和冬天的特征。在观测光环时，应该注意寻找其中的辐状条纹——它们只在阳光入射高度低于环平面17°时形成，并且在正面面对光环时消

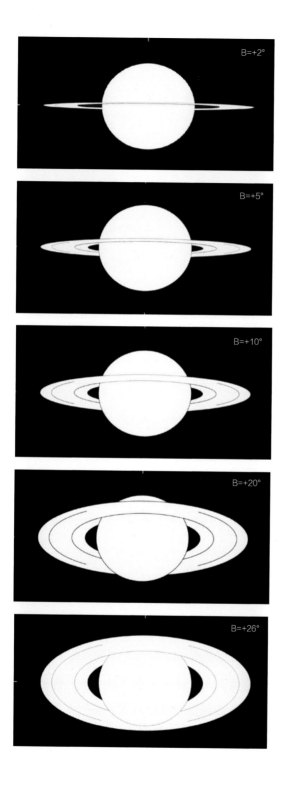

不同角度土星的空白模板，可供观测者在不同的环倾斜度上绘制行星的特征

B=+2°

B=+5°

B=+10°

B=+20°

B=+26°

失；如果在其他时候看到辐状条纹，那肯定是错觉造成的。

土星绘画

想要把土星画好很不容易：即便对那些具有艺术天赋的人来说，画好土星也相当有挑战性；对缺少艺术天赋的人来说则基本是不可能的。在过去，最好的解决办法是利用挖空成椭圆形状的卡片来绘制球体和光环；现在，多数观测者会预先准备好空白的土星及其光环的模板，直接在上面绘制观测到的特征。这些空白模板可以从英国天文协会获得。

一般来说，更恰当的选择是将主题聚焦于具体细节，比如说球面斑点或环缝，而不是试图画出整颗星球。对于有更多艺术潜质的人，特别是那些在运用色彩方面经验丰富的人来说，他们很有可能创作出精巧、美丽的作品，就像特鲁夫

1874年11月30日，法国天文学家、艺术家艾蒂安·特鲁夫洛在哈佛大学天文台用38厘米口径的梅茨和马勒折射望远镜观测到土星后绘制了此图。注意球体在光环上的投影，其边缘处有一定的变形

洛（Trouvelot）、博尔顿（Bolton）和阿贝尔（Abel）这些技艺高超的天文学家兼艺术家所创作的那些作品。不幸的是，行星绘画正在成为一种逐渐失传的艺术；但幸运的是，仍然有一些观测者愿意花时间和精力去绘制，在这个观测盛行的大时代，在土星和其他行星的业余观测者间建立了不可或缺的联系。

土星摄影

当然，CCD成像已经在很大程度上取代了对土星的目视观测，而且它的可用工作范围确实非常广泛。关于技术方面的问题就不在本书中讨论了。大多数有经验的CCD摄影者会使用彩色滤镜来增强行星大气特征的可见度。浅蓝色滤光片（Wratten 80A或82A）可以明显增加条带区域之间的对比度，而不会显著降低图像的亮度；橙色或淡红色滤光片（Wratten 21或23A）可以使蓝色的极地区域变暗；淡品红色滤镜（Wratten 30）有助于增加许多低对比度区域的可见度。此外，不同的滤镜可以"显示"不同高度的云。第三章中曾提到过，有人使用CCD更早探测到了2010年的大白斑——尽管当时卡西尼号已经在环绕土星的轨道上运行。在没有获得航天器观测数据的时期，CCD观测提供了非常宝贵的数据。

高级爱好者可以进行更为专业的观测。甲烷波段滤光片（如巴德1.25″行星甲烷滤光片）对部分红外波段非常灵敏，而人眼刚好对这部分波段不敏感。在使用这种滤光片（配合红外成像相机）拍摄的照片中，大白斑看起来很暗，而在用紫外滤光片拍摄的照片中，它就很明亮。对这些观测结果进行分析，收获了大量有关大白斑垂直方向的结构信息，非常有研究价值。

土星对恒星的掩食

当土星运行在黄道带上背景中富含恒星的区域时，其掩星现象出现的可能性最大。比如对于北半球的观测者来说在双子座–巨蟹座附近更容易观测到，对于南半球的观测者来说是在人马座附近。当然，这样的情况也相当罕见。在2018年全年，土星正好"穿过"恒星数量丰富的人马座，但亮度超过9等的土星掩星现象也只发生了一次。这类事件的预测和发布，是由国际掩食测时协会（IOTA）协调并提供的。观测者应该尽可能准确地记录每颗恒星掩入环后和再次出现的时间，估计并记录下亮度或颜色发生的任何变化，因为这类天象为我们探测环的精细结构创造了千载难逢的机会。如果涉及的恒星亮度比较高，掩星现象就会非常壮观，但当然也极其罕见。1989年7月3日发生了土星掩人马座28（一颗5等星），这颗恒星是20世纪所有土星掩恒星事件中最亮的。下一次亮度超过6等的恒星掩星现象，要等到2032年4月7日才会发生。

土星的卫星

用一台5厘米口径的望远镜就可以看到土卫六，7.5~10厘米口径的望远镜就可以看到土星接下来的四颗卫星。土卫六的黄褐色显而易见，同样显而易见的是卡西尼率先发现的事实：土卫八在土星西侧比在东侧亮两个星等。土卫二更靠近土星，观测它需要至少15厘米，有时甚至需要20或25厘米口径的望远镜；土卫一更难以观测。令人惊讶的是，土卫七被发现的时间虽然较前两者更晚，却比它们更容易观测。不过它的轨道离土星太远，很容易被忽视。当土卫七靠近其他的卫星，尤其是土卫六时，最容易被识别出来。提供土星卫星位置的星表每年都会公开发表在《英国天文协会手册》（*Handbook of the British Astronomical Association*）、《加拿大皇家天文学会观测手册》（*Observer's Handbook of the Royal Astronomical Society of Canada*）、《天文年鉴》（*Astronomical Almanac*）和其他相关出版物上。

与土卫八有关的掩、凌、食

奇怪的是，第一次详细探测土星环的机会并非掩星，而是与食现象有关，也就是巴纳德在1889年11月1日—2日观测到的土卫八的食现象。在此之前，存在透明的C环只是个猜想，但是这次观测让他最终证实了这一点。每隔14或16年，在地球穿越光环平面之前的两年，土卫八轨道面的侧边正好朝向地球，它看起来就像是沿着一条直线穿过土星，此时像土星掩土卫八、土卫八凌土星、土卫八食等天象都会发生。下一次有关土卫八的此类现象，将要等到2022—2023年。具体时间列表如下[1]：

2022年	
3月21日	土星掩土卫八
4月29日—30日	土卫八凌土星
6月8日	土卫八食土星
6月9日	土星掩土卫八
7月17日	土卫八阴影凌土星
7月17日—18日	土卫八凌土星
8月27日	土卫八食土星
8月27日	土星掩土卫八
10月5日	土卫八阴影凌土星
11月15日	土卫八食土星
12月23日	土卫八凌土星
12月24日	土卫八阴影凌土星
2023年	
2月2日—3日	土星掩土卫八

　　截至本文撰写之时，关于土卫八或其阴影凌土星现象，业余爱好者还没有发布过有关的报告。但实际上，它们应该和土卫五一样容易被观测到。

　　在每15年中的大约5年时间里，土星的其他卫星（包括所有卫星和它们的阴影）也会经历食、掩星和凌土星的现象，在此期间光环和卫星轨道的倾斜角度非常小，小到足以观测到这些现象。土卫六有些例外，它的阴影直径为0.8角秒，并且非常暗，因此它的此类现象很少被观测到。目前，业余爱好者使用的观测设备已经足以看到了。作者曾用一台比较一般的望远镜，观测到了土卫五阴影凌土星和土卫三阴影凌土星。

卫星间的相互掩食现象一般发生在环平面"穿越"后的一到两年之内。1907年11月11日，里克天文台的罗伯特·艾特肯（Robert Aitken）首次观测到这种现象，那次是土卫三掩土卫二。1921年4月8日，几位观测者也目睹了土卫六食土卫五的现象，但是直到1979—1980年才对此实现了足够准确和完整的预测。从那时候开始，这些天象就成为常规观测和拍摄内容。下一次此类天象将于2024年开始。

光环的侧边

在沿着轨道运行的过程中，太阳和地球穿越土星环面，分别间隔13年零9个月和15年零9个月发生，在此期间地球穿越环面一次或三次，第二章的"地球和太阳穿越土星环面的情况表"已将这个情况列出来。很不走运的是，2025年环面穿越时的条件并不适宜观测，下一次更好的观测机会要到2038—2039年才会出现。

在小型望远镜中看，光环会在数周内完全消失；但在一个大型设备中，夜复   夜所看到的光环变化非常令人着迷。以下摘录自本书作者的观测日志，记录了1995年8月10日的环面穿越期间，本人（作者）在里克天文台使用91厘米口径折射望远镜目视观测时的感受。除了作者本人，当时的观测者还有斯蒂芬·奥米拉、托马斯·多宾斯（Thomas A. Dobbins）以及戴维·格雷厄姆（David Graham）。

8月10日。当时太阳位于环平面以北约1.5°处，整个环被黑暗所笼罩。尽管黄昏时的大气视宁度很好，但随着夜晚的到来，视宁度逐渐变差，大风让望远镜中的画面发生颤抖。尽管如此，光环西侧的一半仍然显现了出来，其中的土卫一就像是颗镶嵌在戒指上的小珠宝。

随后，在距离西翼仅3角秒的地方，一组卫星正在交错换位：土卫三刚从土星表面的凌土过程中显现出来，土卫一便紧随土卫二之后从相反方向靠近。

8月9日。视宁度近乎完美，当使用眼角余光法和遮掩条进行观测时，土星光环的黑暗面微弱可见。光环看起来如幽灵般朦胧，两颗暗淡的星状珠子悬挂在土卫一和土星之间的细线上。

8月10日，穿越光环平面的大约10个小时前。格雷厄姆写道："很明显，除了投射在土星表面的影子之外，我无法探测到任何关于环的痕迹。"

8月11日，在穿越环平面大约11个小时后，被阳光照亮的光环重新出现在视野之中。土星环明显是一条非常细却非常清晰的线，这是你能想象到的最细的线，它向外延伸了大约两个土星半径，逐渐变得模糊，呈深铜色。格雷厄姆自信地写道："戒指"又回来了。而更为壮观的是，在光环的两侧末端都正好能看见微弱的卫星。在3个小时的观测中，光环继续明显地变亮，直到在15厘米口径的小望远镜中都能被看到。

8月12—13日，光环继续变得更亮、更宽。它们现在均匀地向两侧延伸，长度达到约两个土星半径，并逐渐变细，形状就像凸透镜的横截面。光线出现在穿过球体的光环阴影线略偏北的位置。昨晚所看到的深铜色已经消失，现在光环呈现为稳定的亮黄色。

望远镜都用起来！

我想表达的是，与土星相关的工作里，仍然有很多部分需要由具有奉献精神的业余爱好者来完成，特别是那些随时间变化的现象，如大气现象（斑点）和环上的辐状条纹。现在，已没有探测器在环绕土星的轨道上对其进行监测，这个问题更加凸显了出来。虽然对土星的偶然一瞥也足以令人惊叹，但整个土星系统，包括土星球体、光环和无数的卫星，不会轻易透露它的真实面貌。只有对其保持密切和持续的关注，才能获得丰厚的回报。所以，享受这一切吧！

附录一
专用词汇表

会合周期

在地球上观测时，会看到行星和太阳在天球上的相对位置产生周期性变化。这个相对位置变化每循环一次的时间，被称为会合周期。

视宁度

地球上的大气层随着高度不同有着不同的密度分布，并且各层之间的分层也不平行，存在着湍动的现象，这使得在进行天文目标观测时，会受到不利影响。视宁度就是被用来描述这种影响的一个物理量。

轨道共振

轨道共振一般是指卫星、行星等两个或更多个天体，由于相互间引力的作用，在轨道频率之间存在简单的整数倍关系，从而形成一个较为稳定的运行平衡状态。

洛希极限

当一个天体逐渐靠近另一个较大天体到某一距离，由于后者引力的潮汐作用，较小天体内部结构无法承受潮汐力的拉扯而呈现出分裂趋势时，该距离就是较小天体的洛希极限。洛希极限的值与引力即天体质量有关，也与天体自身结构强度相关。

伪彩色图像

指按照特定的数学关系，把只有灰度显示的图像变换成彩色的图像。它在视觉上表现为彩色图像，但并非原本真实色彩的重现。

星周盘

恒星系统演化过程中，围绕着原始恒星的一些物质（包括气体、尘埃、星子物质等）形成的一个盘状结构。行星的形成模型认为，恒星行星系统中的行星就是在星周盘内慢慢碰撞、演化而形成的。

环行星盘

在行星的演化过程中，其周围残留的气体和尘埃物质会在行星的引力作用下形成一个缩小的盘状结构，被称为环行星盘。这里可能是行星环、小卫星等天体的起源。

开普勒剪切

根据开普勒的理论，在一个非刚性的旋转系统中，在不同半径的轨道上运行的粒子，速度是不同的：越靠外的轨道将具有越小的轨道速度。这种速度的差别将会有可能抵消粒子之间的引力相互作用，从而阻止更大星子物质的生长演化，这种情况被称为开普勒剪切。在土星环中，所谓的开普勒剪切效应破坏了小卫星的进一步成长。

射电暴

宇宙中某些极端情况下，天体会在极短时间内向外爆发出强烈的射电信号（例如1毫秒的时间里向外发射出太阳一整年才能辐射出的能量），这种现象被称为射电暴。

凌

在天文观测时，一个相对较小的天体从另一个天体的表面经过的现象被称为凌。例如水星凌日即为水星经过太阳表面。

掩

在天文观测时，一个相对较大的天体对其背景位置的另一个天体产生遮挡的现象被称为掩。例如月掩金星即为月球遮挡了金星。

食

在天文观测时，某个天体因为遮挡或其他原因，产生的亮度减弱的现象被称为食。例如日食、月食。

冲

对天体相对位置的一个描述。以太阳、地球和地球外侧某个天体三者为例，当这三者依次形成一条直线，此时就被称为"冲"，也是对这个天体进行观测的最好时机。

密度波

在引力作用下，某些区域物质的粒子受到挤压和拉伸，在运动的过程中呈现出密度不断变化的情况，但是整体的外形仍能保持不变。

二分点、二至点

二分点指的是春分点和秋分点，二至点指的是夏至点和冬至点。太阳沿着黄道运动，从南向北通过天赤道的那个交点被称为春分点，与之相对应的从北向南通过天赤道的那一点被称为秋分点。黄道上与二分点相距90°的两个点，便是二至点，其中天赤道以北的那个点被称为夏至点，相对应的另一个点为冬至点。

前导半球、后随半球

对于潮汐锁定的天体，例如月球，始终有一半面向中心天体，另一半背向中心天体。所以在它的轨道上，始终有一半面向运动方向，被称为前导半球，而另一半背向运动方向，被称为后随半球。

视直径

视直径是指地球上对某个天体进行肉眼观测时的视角。对于同一个物体，如果与我们距离较近，那么看起来就较大，也就是视直径大；如果移动到距离较远的地方，那么看起来就较小，视直径就会变小。

黑滴现象

在发生金星凌日（或水星凌日）等天象时，金星（或水星）与太阳内侧边缘接触的瞬间，观测者会发现金星（或水星）球体会呈现出轻微拉长的泪滴形状，这被称为黑滴现象，与光的衍射效应有关。

附录二
土星基础数据

轨道特征

历元J2000.0

远日点	15.1450亿千米（10.1238 AU）
近日点	13.5255亿千米（9.0412 AU）
半长轴	14.3353亿千米（9.5826 AU）
轨道偏心率	0.0565
公转周期	29.4571年 / 10 759.22天 / 24 491.22 土星日
会合周期	378.09天
平均轨道速度	9.68 km/s
平近点角	317.020°
轨道倾角	2.485°（与黄道面夹角）
	5.51°（与太阳赤道面夹角）
	0.93°（与光环平面夹角）
升交点经度	113.665°
近日点幅角	339.392°

物理性质

平均半径	58 232 km
赤道半径	60 268 km，相当于9.449个地球半径

土星

极半径	54 364 km，相当于8.552个地球半径
扁率	0.097 96
表面积	4.27×10^{10} km²，相当于83.703个地球表面积
体积	8.2713×10^{14} km³，相当于763.59个地球体积
质量	5.6834×10^{26} kg，相当于95.159个地球质量
平均密度	0.687 g/cm³（比水的密度要小）
表面重力	10.44 m/s²，相当于地球表面重力的1.065倍（1.065g）
转动惯量	0.210 I/MR²（估计）
逃逸速度	35.5 km/s
自转周期	10小时33分
赤道自转速度	9.87 km/s（35 500 km/h）
自转轴倾角	26.73°（与公转轨道面夹角）
北极赤经	40.589°；2h 42m 21s
北极赤纬	83.537°
反照率	0.342（综合反照率） 0.499（几何反照率）
平均表面温度	100 kPa处：134 K（−139℃） 10 kPa处：84 K（−189℃）
视星等	1.47等至−0.24等
角直径	14.5″至20.1″（光环除外）
大气特征	表面压力　　140 kPa 大气标高　　59.5 km

大气成分（体积占比）　氢气（H_2）　　96.3% ± 2.4%

氦气（He）　　3.25% ± 2.4%

甲烷（CH_4）　　0.45% ± 0.2%

氨（NH_3）　　0.0125% ± 0.0075%

氢氘（HD）　　0.0110% ± 0.0058%

乙烷（C_2H_6）　0.0007% ± 0.00015%

冰成分　　　　　　　　氨（NH_3）

水（H_2O）

硫氢化铵（NH_4SH）

附录三
土星卫星数据

已经有63颗土星卫星得到确认并命名，这里给出了16颗卫星的数据——轨道靠近光环的7颗（包括轨道在A环上的土卫十八和土卫三十五），以及9颗最大的卫星。

卫星编号和名称	直径（km）	密度（g/cm³）（水为1.0 g/cm³；冰为0.931 g/cm³）	目视星等	反照率
土卫一	396	1.15	12.8	0.6
土卫二	504	1.61	11.8	1.0
土卫三	1066	0.97	10.3	0.8
土卫四	1123	1.48	10.4	0.6
土卫五	1529	1.23	9.7	0.6
土卫六	5149	1.88	9.4	0.2
土卫七	270	0.54	14.4	0.3
土卫八	1471	1.08	11.0	0.05～0.5
土卫九	213	1.63	16.5	0.08
土卫十八	28.2±2.6.（34×31×20）	0.42	—	0.5
土卫三十五	7.6±1.6（9×8×6）	0.34	—	—
土卫十五	30.2±1.（41×35×19）	0.50	—	0.8
土卫十六	86.2±5.4（130×114×106）	0.48	—	0.5
土卫十七	81.4±3.6（130×114×106）	0.49	—	0.7
土卫十一	116.2±3.6（204×186×152）	0.64	—	0.8
土卫十	179.0±2.8	0.54	—	0.9

与土星的平均距离（10³ km）	轨道周期（天）	偏心率	轨道倾角（°）	发现者及发现时间
185.5	0.942	0.0196	1.57	威廉·赫歇尔，1789
238.0	1.370	0.000	0.00	威廉·赫歇尔，1789
294.7	1.888	0.001	1.09	乔凡尼·卡西尼，1684
377	2.737	0.0022	0.03	乔凡尼·卡西尼，1684
527.1	4.518	0.0002	0.33	乔凡尼·卡西尼，1672
1221.8	15.945	0.0288	0.31	克里斯蒂安·惠更斯，1655
1500.9	21.277	0.0232	0.62	威廉·邦德、乔治·邦德、威廉·拉塞尔，1848
3560.9	79.330	0.0293	8.30	乔凡尼·卡西尼，1671
12 944.3	548	0.1644	178	威廉·皮克林，1898
133.584	0.575	0.000 035	0.001	马克·肖沃尔特，1990
136.50	0.594	0.000	0.00	卡西尼号，2006
137.670	0.602	0.0012	0.003	旅行者1号，1980
159.5	0.613	0.0022	0.008	旅行者1号，1980
137.1	0.628	0.0042	0.05	旅行者1号，1980
151.422	0.6942	0.009	0.34	约翰·方丹、史蒂芬·拉森，1978
151.472	0.6945	0.007	0.14	奥杜安·多尔菲斯，1966

参考文献

引 言

1 Richard A. Proctor, *Saturn and Its System: Containing Discussions of the Motions and Telescopic Appearance of the Planet Saturn, Its Satellites and Rings; the Nature of the Rings; and the Habitability of the Planet*, 2nd edn (London, 1882), p. v.

第一章 浅黄色的星星

1 A.F.O'D. Alexander, *The Planet Saturn: A History of Observation, Theory, and Discovery* (London, 1962), p. 44.
2 A. Pannekoek, *A History of Astronomy* (London, 1961), p. 48.
3 Arthur Koestler, *The Sleepwalkers* (New York, 1959), p. 69.
4 Owen Gingerich, *The Eye of Heaven* (New York, 1993), p. 55.
5 Claudius Ptolemy, *Tetrabiblos*, trans. J. M. Ashland (London, 1822), p. 114.
6 Camille Flammarion, *Popular Astronomy*, trans. J. E. Gore (New York, 1906), p. 432.
7 Ibid., p. 432.
8 Quoted in J.L.E. Dreyer, *Tycho Brahe: A Picture of Scientific Life and Work in the Sixteenth Century* (Edinburgh, 1890), p. 14.
9 Alexander, *The Planet Saturn*, p. 76.
10 Dreyer, *Tycho Brahe*, p. 27.
11 Alexander, *The Planet Saturn*, pp. 76–8.
12 One of the figures known as the conic sections, of which the others are the parabola and the hyperbola, an ellipse is, by definition, the curve generated by a point moving in such a way that the the sum of the distances to two fixed points F1 and F2 (known as the foci of the ellipse) is constant. It follows that an ellipse can be constructed by fixing the ends of a string to points F1 and F2 and moving a pencil at the end of the loop thus formed. The maximum length along the ellipse is known as the major axis, the minimum length the minor axis. If the two ends of the major axis are called A and B, then the eccentricity

e of the ellipse is defined as the ratio of the distance F1C to CA which is also equal to F1F2/AB. The eccentricity ranges from 0, the case of a circle, to 1, a straight line.

第二章　奇特的光环世界

1　Galileo Galilei, *Le opere di Galileo Galilei*, ed. Antonio Favaro (Firenza, 1890–1909), vol. X, p. 410.

2　Quoted in A.F.O'D. Alexander, *The Planet Saturn: A History of Observation, Theory and Discovery* (London, 1962), p. 85.

3　Stillman Drake, *Discoveries and Opinions of Galileo* (Garden City, NY, 1957), pp. 143–4.

4　Edward R. Tufte, *Envisioning Information* (Cheshire, CT, 1990), p. 67.

5　T. W. Webb, *Celestial Objects for Common Telescopes*, 6th edn (London, 1917), vol. I, p. 210.

6　J. D. Cassini, *Mémoires de l'Académie Royale des Sciences de Paris* (Paris, 1715), p. 48.

7　P. de Laplace, *Histoire de l'Académie Royale des Sciences de Paris* (Paris, 1787), p. 249.

8　Alexander, *The Planet Saturn*, p. 123.

9　W. Herschel, 'On the Ring of Saturn, and the Rotation of the Fifth Satellite upon Its Axis', *Philosophical Transactions of the Royal Society of London*, vol. LXXII (London, 1792), pp. 1–22. In *Collected Scientific Papers of Sir William Herschel*, ed. J.L.E. Dreyer, vol. 1 (London, 1912), pp. 429–30.

10　Quoted in F. A. Mitchel, *Ormsby Macknight Mitchel: Astronomer and General* (Boston, MA, and New York, 1887), pp. 130–31.

11　Quoted in Joseph Ashbrook, *The Astronomical Scrapbook: Skywatchers, Pioneers, and Seekers in Astronomy* (Cambridge, MA, 1984), pp. 363–4.

12　G. P. Bond, 'On the Rings of Saturn', *American Journal of Science*, II/12 (1851), pp. 97–105.

13　Benjamin Peirce, 'On the Constitution of Saturn's Ring', *American Journal of Science*, II/12 (1851), pp. 106–8.

14　Neither Coolidge nor Tuttle are well known today. After graduating from Harvard, Tuttle went on to a successful career in the legal profession. On Charles Tuttle and his colourful astronomer brother Horace P. Tuttle, see Richard E. Schmidt, 'The Tuttles of Harvard College Observatory, 1850–1862', *The Antiquarian Astronomer*, VI (2012), pp. 74–104. Coolidge, a grandson of President Thomas Jefferson, joined the Union Army during the Civil War, and was killed in action at the battle of Chickamauga, September 1863. For an appreciation, see W. Sheehan and S. J. O'Meara, 'Phillip Sidney Coolidge, Harvard's Romantic Explorer of the Skies', *Sky and Telescope* (April 1998), pp. 71–5.

15　*Annals of the Astronomical Observatory of Harvard College*, vol. II (Cambridge, MA, 1856–7), p. 50n.

16 Alexander, *The Planet Saturn*, p. 169.

17 Ibid.

18 James Challis to William Thomson, 14 March 1855, in Stephen G. Brush, C.W.F. Everitt and Elizabeth Garber, *Maxwell on Saturn's Ring* (Cambridge, MA, and London, 1983), p. 8.

19 Basil Mahon, *The Man Who Changed Everything: The Life of James Clerk Maxwell* (Chichester, 2003), p. 3.

20 J. C. Maxwell to Lewis Campbell, 28 August 1857, in *The Life of James Clerk Maxwell*, ed. Lewis Campbell and William Garnett (London, 1882), p. 278.

21 J. Clerk Maxwell, *On the Stability of the Motion of Saturn's Rings: An Essay, which obtained the Adams Prize for the Year 1856, in the University of Cambridge* (London, 1859).

22 Daniel Kirkwood, 'On the Nebular Hypothesis, and the Approximate Commensurability of the Planetary Periods', *Monthly Notices of the Royal Astronomical Society*, XXIX (1869), pp. 96–102.

23 James E. Keeler, 'First Observations of Saturn with the 36-inch Equatorial of the Lick Observatory', *Sidereal Messenger*, VII (1888), pp. 79–83.

24 Ibid.

25 W. F. Denning, *Telescopic Work for Starlight Evenings* (London, 1891), p. 195.

26 Richard A. Proctor, *Other Worlds than Ours: The Plurality of Worlds Studied in the Light of Recent Science*, 3rd edn (London, 1872), p. 142.

27 Albert Van Helden, '"Annulo Cingitur": The Solution to the Problem of Saturn', *Journal for the History of Astronomy*, v/3 (1 October 1974), p. 170.

28 Thomas A. Dobbins, Donald C. Parker and Charles F. Capen, *Observing and Photographing the Solar System: A Practical Guide* (Richmond, VA, 1992), p. 107.

29 At the time, telescopes were usually described in terms of their focal lengths rather than their apertures. Herschel's 20-ft (6.1-m) focal length telescope boasted a 47.5-cm diameter mirror, and the 40-ft (12.2-m), a 123-cm mirror. Unfortunately, the seeing conditions in England were rarely good enough to allow the latter to be used to advantage, and most of his routine work was carried out with the former.

30 Alexander, *The Planet Saturn*, p. 128.

31 W. Sheehan, *The Immortal Fire Within: The Life and Work of Edward Emerson Barnard* (Cambridge, 1995), pp. 345–8.

第三章　土星：深度探索

1 Richard A. Proctor, *Other Worlds than Ours: The Plurality of Worlds Studied in Light of Recent Science* (New York, 1896), p. 142.

2 W. Sheehan, 'Observations of Saturn in 1992 and 1993 at Pic du Midi and Yerkes', *Journal of the British Astronomical Association*, CIV/4 (1994), pp. 194–6.

3 Carolyn Porco, '*Cassini* at Saturn', *Scientific American*, CCCXVII/4 (October 2017), p. 85.

4 E. E. Barnard, 'White Spot on Saturn', *Astrophysical Journal*, XXIII (1903), pp. 143–4.

5 'Comedian's Big Discovery on Saturn', *Daily Mirror* (8 August 1933).

6 Cheng Li and Andrew P. Ingersoll, 'Moist Convection of Hydrogen Atmospheres and the Frequency of Saturn's Storms', *Nature Geoscience*, VIII/5 (May 2015), pp. 398–402.

7 William B. Hubbard, Michele K. Dougherty, Daniel Gauthier and Robert Jacobson, 'The Interior of Saturn', in *Saturn from Cassini–Huygens*, ed. M. K. Dougherty, Larry W. Esposito and Stamatios M. Krimigis (Dordrecht, 2009), pp. 75–81.

8 A.F.O'D. Alexander, *The Planet Saturn: A History of Observation, Theory and Discovery* (New York, 1962), pp. 371–2.

9 P. M. Celliers, M. Millot, S. Brygoo et al., 'Insulator-metal Transition in Dense Fluid Deuterium', *Science* CCCLXI/6403 (17 August 2018), pp. 677–82.

10 S. J. Bolton, A. Adriani, V. Adumitroaie et al., 'Jupiter's Interior and Deep Atmosphere: The Initial Pole-to-pole Passes with the Juno Spacecraft', *Science*, CCCLVI/6340 (26 May 2017), pp. 821–5.

11 For details, see William Sheehan and Thomas Hockey, *Jupiter* (London, 2018), pp. 153–60.

12 George Biddell Airy, 'On the Mass of Jupiter', *Monthly Notices of the Royal Astronomical Society*, II/20 (12 April 1833), p. 171.

13 See Thomas Gilovich, *How We Know What Isn't So: The Fallibility of Human Reason in Everyday Life* (New York, 1993), p. 29.

14 Frank Wilczek, *Fantastic Realities: 49 Mind Journeys and a Trip to Stockholm* (Hackensack, NJ, 2006), p. 31.

15 A regularly updated list of *Kepler* discoveries is found in the Wikipedia article titled 'List of Exoplanets Discovered Using the *Kepler* Spacecraft', https://en.wikipedia.org.

16 As of April 2018, there were 627 of these systems. A regularly updated list appears in the Wikipedia article titled 'List of Multiplanetary Systems', https://en.wikipedia.org.

17 C. Espillait et al., 'On the Diversity of the Taurus Transitional Disks: UX Tauri A and LkCa 15', *Astrophysical Journal*, DCLXX (2007), pp. L135–8.

18 Konstantin Batygin and Gregory Laughlin, 'Jupiter's Decisive Role in the Inner Solar System's Early Evolution', *Proceedings of the National Academy of Sciences USA*, CXII (2015), pp. 4214–17.

19 Cited in Stephen Brush, *Nebulous Earth: The Origin of the Solar System and the Core of the Earth from Laplace to Jeffreys* (Cambridge, 1996), p. 93.

第四章 魅力光环

1 P. Lowell, 'Memoir on Saturn's Rings', *Memoirs of the Lowell Observatory*, I/2 (1915), p. 3.

2 P. Lowell, 'The Genesis of the Planets', *Journal of the Royal Astronomical Society of Canada*, X/6 (July–August 1916), p. 290.

3 Unfortunately, Lyot did not live to publish his full results, but his colleague Audouin Dollfus did so in *L'Astronomie*, LXVII (1953), p. 3.

4 G. P. Kuiper, 'Report of Commission 16 (Commission pour les Observations Physiques des Planètes et des Satellites)', *Transactions I.A.U.*, IX (1955), p. 255.

5 See Audouin Dollfus, 'Saturn's Rings: Divisions, Gaps and Ringlets from Ground-Based Telescopes', in *Anneaux de Planètes: Planetary Rings*, Colloque UAI Toulouse (Paris, 1984). It is also possible that the dazzling brilliance of the image provided by a 5.1-m aperture played a role, since, as the pioneering physicist and perceptual psychologist Gustav Fechner (1801–1887) demonstrated, the eye is capable of distinguishing small gradations in surface brightness far more readily in a comparatively dim image than in an extremely bright one. The late planetary observer and telescope-maker Thomas R. Cave, Jr (1923–2003) used the 500-cm reflector on the planets, and always found its performance quite disappointing compared to the 150-cm and 250-cm reflectors on Mt Wilson.

6 W. C. Livingston, 'Saturn's Rings and Perfect Seeing', *Sky and Telescope* (July 1975), p. 28.

7 A. F. O'D. Alexander, *The Planet Saturn: A History of Observation, Theory and Discovery* (New York, 1962), p. 340.

8 John E. Westfall and William Sheehan, *Celestial Shadows: Eclipses, Transits and Occultations* (New York, 2015), p. 543.

9 Carolyn Porco to W. Sheehan, personal communication, 4 July 2018.

10 Cited in James Elliot and Richard Kerr, *Rings: Discoveries from Galileo to Voyager* (Cambridge, MA, 1984), p. 45.

11 C. C. Lin and F. H. Shu, 'On the Spiral Structure of Disk Galaxies', *Astrophysical Journal*, CXL (1964), pp. 646–55. The waves are also known as quasi-static density waves, or heavy sound waves.

12 Peter Goldreich and Scott Tremaine, 'The Velocity Dispersion in Saturn's Rings', *Icarus*, XXXIV/2 (May 1978), pp. 227–39; 'The Formation of the Cassini Division in Saturn's Rings', *Icarus*, XXXIV/2 (May 1978), pp. 240–53.

13 Quoted in Elliot and Kerr, *Rings*, p. 46.

14 James L. Elliot, Edward W. Dunham and Jessica Mink, 'The Rings of Uranus', *Nature*, CCLXVII/5609 (26 May 1977), pp. 328–30.

15 Scott Tremaine, *Astrophysical Wonders: A Conversation with Scott Tremaine* (Toronto, 2015), p. 31.

16　S. J. O'Meara to W. Sheehan, personal communication, 4 June 2018.

17　Mark Washburn, *Distant Encounters: The Exploration of Jupiter and Saturn* (San Diego, CA, 1983), pp. 199–200.

18　W. Sheehan, July 2016 conversation with Brad Smith. It is pleasant to record that Smith and O'Meara remained on amiable terms, and after the Saturn encounter, Smith called O'Meara at *Sky and Telescope* and challenged him to determine visually the rotation period of Uranus' cloud tops, which was not then accurately known, prior to *Voyager 2*'s flyby in January 1986. In this conversation, Smith confided his own plans to perform CCD imaging of Uranus at Cerro Tololo Observatory in Chile, and mentioned that another group of astronomers was planning to do the same at McDonald Observatory in Texas. O'Meara did take up the challenge, and kept up observations with the 23-cm refractor at Harvard, at first without success. Eventually, however, his persistence paid off, and he detected several rogue bright spots on the planet, which allowed him to calculate an average rotation period of 16 hours and 24 minutes. This value – though 'disturbingly discordant' with the 24-hour rotation period inferred by Smith and the McDonald team – proved in the end to be almost spot-on. When *Voyager 2* arrived at Uranus, it confirmed O'Meara's value to an accuracy of 10 per cent.

19　As noted in David H. Levy, *Clyde Tombaugh: Discoverer of Planet Pluto* (Tucson, AZ, 1991), p. 176.

20　Elliot and Kerr, *Rings*, p. 135.

21　Jeffrey N. Cuzzi, 'Ringed Planets: Still Mysterious – I', *Sky and Telescope* (December 1984), p. 515.

第五章　史诗般的任务：卡西尼号

1　Matthew M. Hedman, Joseph A. Burns, Mark R. Showalter et al., 'Saturn's Dynamic D Ring', *Icarus*, CXCVIII/1 (2007), pp. 89–107.

2　J. N. Cuzzi, A. D. Whizin, R. C. Hogan et al., 'Saturn's F Ring Core: Calm in the Midst of Chaos', American Astronomical Society, Division of Planetary Sciences meeting 44 (October 2012).

3　Robin M. Canup, 'Origin of Saturn's Rings and Inner Moons by Mass Removal from a Lost Titan-sized Satellite', *Nature*, CCCCLXVIII (16 December 2010), pp. 943–6.

4　'A Dozen New Moons of Jupiter Discovered Including One Oddball', Carnegie Institution for Science Press Release, 16 July 2018.

5　Carolyn Porco, 'Cassini at Saturn', *Scientific American*, CCCXVII/4 (October 2017), p. 84.

6　W. W. Morgan, 21 December 1956 entry in personal notebook, Yerkes Observatory archives, University of Chicago.

第六章　众位卫星月光环绕

1 E. E. Barnard, 'Observations of the Eclipse of Iapetus in the Shadows of the Globe, Crape Ring, and Bright Ring of Saturn, 1889 November 1', *Monthly Notices of the Royal Astronomical Society*, XL (1890), pp. 107–10.

2 Carolyn Porco, 'Cassini at Saturn', *Scientific American*, CCCXVII/4 (October 2017), p. 84.

3 Bonnie Buratti quoted in Charles Q. Choi, 'Weirdly Colored Saturn Moons Linked to Ring Features, NASA's Cassini Revealed', available at www.space.com, accessed 2 April 2019.

第七章　观测土星

1 John Westfall and William Sheehan, *Celestial Shadows: Eclipses, Transits, and Occultations* (New York and Heidelberg, 2015), p. 224.

拓展书目

Alexander, A.F.O'D., *The Planet Saturn: A History of Observation, Theory and Discovery* [1962] (New York, 1980)

Beatty, J. Kelly, Carolyn Collins Petersen and Andrew Chaikin, eds, *The New Solar System*, 4th edn (Cambridge, MA, 1999)

Brown, Robert H., Jean-Pierre Lebreton and J. Hunter Waite, eds, *Titan from Cassini–Huygens* (New York, 2009)

Brush, Stephen G., C.W.F. Everitt and Elizabeth Garber, eds, *Maxwell on Saturn's Rings* (Cambridge, MA, 1983)

Burns, Joseph A., and Mildred S. Matthews, eds, *Satellites* (Tucson, AZ, 1986)

Burrati, Binnie, et al., 'Close Cassini flybys of Saturn's Ring Moons Pan, Daphnis, Atlas, Pandora, and Epimetheus', *Science*, 28 March 2019

Dobbins, Thomas A., Donald C. Parker and Charles F. Capen, *Observing and Photographing the Solar System: A Practical Guide for the Amateur Astronomer* (Richmond, VA, 1988)

Dougherty, Michele K., Larry W. Esposito and Stamatios M. Krimigis, eds, *Saturn from Cassini–Huygens* (New York, 2009)

Elliot, James, and Richard Kerr, *Rings: Discoveries from Galileo to Voyager* (Cambridge, MA, 1984)

Gehrels, Tom, and Mildred S. Matthews, eds, *Saturn* (Tucson, AZ, 1984)

Greenberg, Richard, and André Brahic, eds, *Planetary Rings* (Tucson, AZ, 1984)

Lorenz, Ralph, and Jacqueline Mitton, *Lifting Titan's Veil: Exploring the Giant Moon of Saturn* (Cambridge, 2002)

Lovett, L., J. Horvath, and J. Cuzzi, *Saturn: A New View* (New York, 2006)

Morrison, David, *Voyages to Saturn*, NASA SP-451 (Washington, DC, 1982)

National Aeronautics and Space Administration, *The Saturn System: Through the Eyes of Cassini* (Washington, DC, 2017)

Schenk, Paul M., Roger N. Clark, Carly J. A. Howett, Anne J. Verbiscer and J. Hunter Waite, eds, *Enceladus and the Icy Moons of Saturn* (Tucson, AZ, 2018)

Sheehan, William, and Thomas Hockey, *Jupiter* (London, 2018)

Spohn, Tilman, Doris Breuer and Torrence Johnson, eds, *Encyclopedia of the Solar System* (Cambridge, MA, 2014)

Westfall, John, and William Sheehan, *Celestial Shadows: Eclipses, Transits, and Occultations* (New York, 2015)